ごみ収集という仕事

藤井誠一郎

清掃車に乗って考えた
地方自治

コモンズ

CONTENTS

CONTENTS

CONTENTS

現場主義を貫く

1 九カ月間の清掃現場体験

「現場主義を貫く」という筆者の研究スタンスの確立は、大学院のゼミで故・今川晃先生より佐藤竺先生や故・寄本勝美先生の研究を紹介していただいたことに始まる。そこでは、今川先生の師となる佐藤先生が全国を回って現場を踏まえた研究をされ、その姿勢に共感した今川先生が実践から理論を構築していく研究スタンスを貫かれておられることを学んだ。加えて、ごみ収集の現場に飛び込んで研究をされた寄本先生のことも教えていただいた。

なかでも、「ごみ収集をした大学教員」という衝撃は、いまでも鮮明に覚えている。それは筆者が描く大学教員のイメージを破壊するものであり、その「ありえなさ」に驚くばかりであった。大学院に入りたての当時、研究と言えば、机の上で難しい本や文献を広げて新たな知見を発見していくという形を想像していた。ところが、寄本先生は大学の研究室とは一八〇度違うごみ収集現場を体験し、現状を自分の目で観察されながらリアリティあふれる研究を積み重ねられたという。その事実が筆者に及ぼしたインパクトは、相当に大きい。

それ以来、筆者は「現場」を意識し続けている。真実が存在する現場に必ず足を運び、自らの目で見て、感じ、擬似的に同化し、現場目線から課題を抽出していく。それが、筆者がこだわる研究手法である。

ところで、筆者は二〇一五年に、自治労(全日本自治団体労働組合)の「次世代を担う研究者」に採用された。そこで掲げたのは、「自治体職員と地方自治の活性化─名もなき職員の大きな貢献─」というテーマである。なぜなら、表舞台には登場せず、地方自治の基盤確立のために尽力している自治体職員にスポットライトを当てたかったからだ。

彼ら・彼女らは、どのように地域の現状や住民と向かい合っているのか。そこで何を考え、どう決断したのか。職員が真摯に対応した結果、地域はどのように変わっていったのか。そこから、どのような示唆を得られたのか。それらを可視化し、蓄積して共有化していくことが、地方自治の活性化に結びつくと考えた。

だが、なかなか思うように研究は進まなかった。というのも、表舞台に登場しない職員たちの姿を見るには密着せざるを得ず、自ずと職場に入れていただかなければならない。自治労本部の役員の方々に相談したところ、新宿区と掛け合っていただき、希望する部署を提示するように言われた。筆者が希望したいくつかの部署のうち、現場に入ってもよいという返事をすぐにいただけたのが清掃部門である。

こうして、偶然にも、大学院生時代に多大な衝撃を受けた寄本先生と同じフィールドに身を置くことになった。清掃現場で参与観察できる幸せと、自らがイメージする現場重視の研究ができることへの喜びは、ひとしおだった。この機会を有効に活用し、思う存分に見て、清掃行政をきちんと語れるような認識を深めたいという思いで、まったくの素人ながら清掃現場に飛び込んだ。

当初の予定は二〇一六年六月と七月で、毎週月曜日に清掃職員の指導のもとで、清掃業務を経験した。その間、実際に収集業務に携わり、ふれあい指導や環境学習にも同行。ふだんは見ることができない現場を体験し、貴重な経験を積むことができた。

しかし、二カ月間の清掃体験はあっという間に過ぎ去る。「これで現場を理解したと言えるのであろうか」という疑問が強く沸き起こった。たしかに、収集現場を一通り体験し、観察はしたものの、一回だけで十分に理解できるはずがない。

実際、漠然としたイメージしか自らの中に残っていなかった。当然ながら、筆者の能力不足が最大の原因ではある。だが、それに加えて、筆者は「お客様待遇」で迎えられており、これで「現場を見ました」と誇らしげに言うこと自体が恥ずかしく思えてならなかった。それは、現業職員に対しても非常に失礼である。もっと長期間、調査者という「お客様待遇」ではなく、「一現業職員」として実践してみたい。そこで、無理をお願いし、九月から翌年三月まで継続して新宿東清掃センターに通わせていただいた。

表1　調査日程と参与観察内容

年	月	日	主 な 業 務
2016	6	13	小型プレス車に乗車、雨の中での作業
		20	軽小型車での収集業務、新宿2丁目の巡回と収集
		27	ふれあい指導や巡回に同行
	7	4	小型特殊車での収集業務、炎天下での作業
		11	歌舞伎町のふれあい指導の見学、新宿中継・資源センター見学
		25	新宿清掃事務所の地下作業所、清掃車整備、不燃ごみの破袋作業の見学、豊島清掃工場の見学
		27	問題がある集積所の巡回、保育園での環境学習、集積所の相談に同行
	9	12	小学校での環境学習、ふれあい指導に同行
		19	軽小型車でボランティアごみの収集
	10	4	軽小型車で訪問収集、動物死体の引き取り
		11	小型プレス車で収集業務、女性運転手の小型プレス車に乗車して品川清掃工場を往復
		25	軽小型車で可燃ごみの収集、不燃ごみの収集、訪問収集、新宿2丁目の巡回と収集
	11	8	軽小型車で可燃ごみの収集、新宿2丁目の巡回と収集
		29	軽小型車で訪問収集、小型廃家電の収集
	12	13	軽小型車で訪問収集、可燃ごみの収集、集積所のデータベース化作業の見学
		24	軽小型車で可燃ごみの収集　小型廃家電の収集と新宿中継・資源センターへ搬入
2017	1	5	新宿東清掃センターで破袋選別作業、軽小型車で取り残しの対応
		6	軽小型車で可燃ごみの収集、新宿2丁目の巡回と収集
		7	軽小型車で可燃ごみの収集、新宿2丁目の巡回と収集
	2	2	軽小型車で訪問収集、新宿2丁目の巡回と収集
		14	軽小型車で可燃ごみの収集、不燃ごみの収集、訪問収集、新宿2丁目の巡回と収集
		22	軽小型車で可燃ごみの収集、不燃ごみの収集、新宿2丁目の巡回と収集
	3	4	軽小型車で可燃ごみの収集、不燃ごみの収集、破袋作業、新宿2丁目の巡回と収集
		31	軽小型車で可燃ごみの収集、不燃ごみの収集、訪問収集、新宿2丁目の巡回と収集

結局、体験調査（参与観察）は九カ月に及んだ（表1）。ごみの量がピークを迎える年始は三日連続で作業し、現場での収集業務をほぼ理解したという感覚をもつことができた。夏の暑い日から冬の寒い日まで、ほぼ一年を通して現場を観察でき、清掃行政について語る「権利」を多少は得られたのではないだろうか。

当初は収集・運搬しか見えていなかったが、徐々に中間処理、最終処分という一連の流れが視野に入るようになった。清掃工場や東京湾の最終処分場の見学会にも参加して、清掃行政の全体像を体系的・俯瞰的に見られたと思っている。今後も自らの研究テーマの大きな柱としていきたい。

2　本書の視点と成り立ち

前述したように筆者は、当初「自治体職員と地方自治の活性化―名もなき職員の大きな貢献―」というテーマを掲げた。その動機を説明しておきたい。

現在、民主主義の進展や地方分権の流れのもとで、市民協働が盛んに謳われている。そうした部署で活躍する自治体職員の姿は、地方自治関係の雑誌によく取り上げられる。いわゆる「スーパー公務員」も話題を集めている。筆者は、こうした記事や話題を見るたびに違和感を覚える。

というのは、組織にはスポットライトが当たる部署もあれば、それほど当たらないが重要な役割をこつこつこなす部署もあるからだ。後者の場で働く職員は、なかば定型業務であるがゆえに、重要な役割を演じている割には埋没しているように見える。だが、表舞台で華々しく活躍する職員の裏には、それをしっかり支える職員がいる。地域づくり活動や市民活動が盛んに行えるのも、それを支える裏舞台のさらに見えないところで、何も言わずに支える職員がいるからだ。裏で汗を流すスタッフがいるがゆえに、表舞台で活躍するアクターが踊ることができる。

われわれは、表舞台で華麗に活躍するアクターに注目しがちである。しかし、現場で汗を流す職員がいるから、組織は有機的に機能し、表舞台で活躍する職員が生まれる。裏舞台の職員が果たす重要な役割を可視化して伝えていくことが、地方自治のアクターとなる住民はもちろん自治体関係者にとっても必要ではないか。

また、筆者が清掃現場を体験してすぐに目に入ってきたのは、収集現場で進む委託化という現実であった。清掃現場には、区(市町村)の現業職員のみならず、業務委託された民間清掃会社(以下「清掃会社」という)のスタッフもおり、両者によって収集は成り立っている。さらに、あとから分かったことだが、後者の場合、清掃会社の正社員や非常勤社員は少ない。大半は、日雇い的に清掃会社に派遣される人たちである。収集業務は、いわば「寄せ集められた人たち」によって遂行されている。

こうした業務委託については、筆者のサラリーマン時代の職場経験から、「過度な委託は身を滅ぼす」「使い方を誤ると、とんでもないしっぺ返しを食らう」ことを学んでいた。清掃会社のスタッフを見ているうちに、当時の思いが蘇ってきた。そこで感じたのは、同じような問題が存在するのではないかという「匂い」である。

現在、現業職員が配置されている部門は、委託化の波に呑み込まれる危機に晒されている。現業職員が担当する業務は清掃会社でも担えるのではないかという考え(新公共管理：New Public Management(以下、「NPM」という)思想)によって、委託化が進んできた。たしかに、すべての公共的な事務を行政のみが行うことは非現実的である。多様な民間の力を活用して運営する時代になっている。一方で、民間委託のほうが経費を安く抑えられるという金銭的な視点からのみ、委託化を推進している自治体も見受けられる。

しかし、目先の利益のみで委託化を推進しても、失うものが多々あるとそのうちに気づくのではないだろうか。実際、ノウハウが蓄積されず、現場をコントロールできなくなるケースが多い。毎年のように進む「人減らし」と並行した委託化について、立ち止まって現状を評価する時期にきているのではないかと、筆者は考えている。

これらを踏まえてテーマをしぼり、二年間の研究成果として「清掃職員と地方自治の活性化―新宿区の清掃事業を事例として―」と題する報告書を執筆した。そこでまとめたのは、ごみ収集の歴史、江戸時代から二〇〇〇年の清掃事業の区移管までの過程の整理、東京二三区とりわけ新宿区の清掃行政の現状、可燃ごみ(燃やすごみ)収集、不燃ごみ収集と破袋選別、ふれあい指導、環境学習の現場で活躍する職員の取り組みである。参与観察を通じて、清掃職員が現場で苦労されている姿に感銘を覚え、彼らがどのような思いで業務を行っているかをしっかりと伝えていきたいという思いが募り、膨大な量になってしまった。

その後、筆者の今回の研究を支えていただいている自治労の方々のお取り計らいにより、コモンズの大江正章氏をご紹介いただく機会を得た。筆者は大学院のゼミで、大江氏の著書『地域の力——食・農・まちづくり』(岩波新書、二〇〇八年)をテキストに勉強したことがある。同書は筆者の研究に少なからず影響を与えた。また大江氏は、筆者の「現場主義」という研究スタイルの確立に多大な影響を受けた寄本先生のもとで学ばれている。この二つの偶然とも言えるつながりと、大江氏に出会えた喜びから、コモンズで出版したいという思いが高まっていく。そして、大江氏に企画・編集を行っていただき、拙稿が書籍へと「大化け」することになった。

本書では、自治体の「裏舞台」で清掃職員がどのような重要な役割を担っているのかをさまざまな角度から伝えて清掃職員の実態に迫る。同時に、そうした役割にもかかわらず清掃行政の委託化が進んでいる現状に警鐘を鳴らし、今後の清掃職員や清掃部門のあり方への展望を示していく。それらを通じて、公共サービスの提供のあり方やそのための行政組織運営に関して一定の知見を提供できればと考えている。

第1章
初めてのごみ収集

作業着に着替えた筆者

誰でも、ごみ収集の作業風景や清掃車が通行する様子を見たことがあるだろう。収集する作業員に、「いつもありがとうございます」と感謝の意を伝える人もいるであろう。清掃行政は身近なところで行われているから、私たちはそこで働く人たちや業務について、おおよそのイメージをもっている。

しかし、その業務に携る人たちの実態をよく把握しているかと言えば、ほとんどの人がそうではないであろう。とくに、どのような形で清掃行政が組み立てられているかは理解していないと思われる。

筆者は本書を通じて、清掃職員の実態を明らかにしながら、清掃行政が委託化され続けている現状に警鐘を鳴らすとともに、清掃職員の今後のあり方について議論を投げかけていこうと考えている。そのためには、まず、さまざまな角度から清掃職員の業務に迫る必要がある。

本章では、自らの体験に基づき清掃職員の一日を紹介し、どのような流れで作業が行われているかを述べる。あわせて、その業務の舞台となる新宿区の清掃行政の概要についても述べていく。

1 梅雨空のもとでの収集作業

一日目は強い雨

二〇一六年六月一三日（月曜日）、初めて収集業務を体験する日がやってきた。あいにくの梅雨空で、強い雨が降りしきっている。初日から過酷な状況のもとで収集作業を経験できることへの期待もあるが、作業自体への不安もある。

早朝六時過ぎに家を出て、東京メトロ丸ノ内線の四谷三丁目駅から新宿東清掃センター（以下「東センター」という）へ向かう。ラッシュ時間の前だから、通勤地獄は免れられた。体力を消耗せずに、七時少し過ぎに東センターへ到着。

清掃職員たちは、すでに出勤されていた。控室には、七時四〇分からの勤務に備えて、スタンバイが完了した職員も少なくない。すぐに、今回の調査で全面的にご協力をいただく東京清掃労働組合新宿支部執行委員長の塚原邦彦氏にあいさつし、控室横のロッカールームに案内された。ロッカーには作業着、長靴、レインコート、ヘルメット、防水加工された手袋が用意されている。早速着替えて、控室へ向かった。

始業時間の七時四〇分から、ミーティングと打ち合わせだ。作業の段取りや注意事項が徹底

腰痛予防体操の様子。雨のためレインコートを着用している

されていく。筆者が伝えられたのは、入社五年目の若手職員と二人一組で、小型プレス車(通称「小プ」)による可燃ごみの収集作業であった。[1] 担当区域は神楽坂地区だ。小型プレス車はよく見かけるごみ収集車で、積み込んだごみを「押し板」で圧縮しながらタンクに積み込む機能を備えている。最大約二トンのごみを収集できるという。

新宿区では、小型プレス車で可燃ごみの収集作業を行う場合、作業員二名で一日に六台分を積むように仕事量が決められている。午前中に四台分、午後が二台分だ。このごみの積み込みが、初日に行う作業である。

打ち合わせが終わると、腰痛予防体操が始まる。階段を降り、駐車場へ向かった。流れてくるオリジナルの音楽に合わせて、見よう見まねで身体を動かす。周囲を見ると、高齢の清掃職員たちが一生懸命に体操している姿が目に飛び込んできた。皆さん身体が非常に柔らかい。ケガをせず、腰痛にならずに業務を続けていくには、柔軟な身体が欠かせない。

小型プレス車での収集作業の始まり

腰痛予防体操が終わると、いよいよ出発である。音楽の終了とともに、一斉に清掃車のエンジンがかけられる。作業員はそれぞれの清掃車に飛び乗り、技能長らに見送られながら現場へ向かう。筆者たちも待機していた小型プレス車に乗り、神楽坂地区へ。この日に乗車したのは直営車で、清掃職員が運転する。その横に作業員二人が乗車するのだ。

と言っても、ただ乗っているだけではない。扉側に座る作業員には、安全確認を行う役割がある。左折時に人や自転車やバイクを巻き込まないように注視し、「左オーライ」と声に出し、運転手に安全を伝えていく。些細なことだが、事故を起こさないための工夫である。なお、車に乗り込む際には片方の手袋をはずすことになっている。これは、清掃車をきれいに使うための配慮である。

（1）この日の作業には、「指導員」として組合書記長の飯山悟氏が持ち場の「ふれあい指導班」を離れ、筆者にずっと付き添った。調査のために多くの方にご協力いただいていることを、改めて認識したしだいである。なお、小型プレス車に作業員三人は乗車できない。飯山氏は雨の中を自転車で伴走し、現場を回られた。

外苑東通りを進み、約一〇分で作業を行う最初の集積所へ到着した。ファミリータイプのマンションに設置された集積所で、大量のごみが入った大きなビニール袋が積み重ねられている。降車すると、すぐにごみ独特の臭いが漂ってきた。同時に、大粒の雨に降りつけられる。もちろん、そんなことを気にしていては仕事にならない。すぐに作業に取り掛かり、ごみ袋を投入口に投げ入れていった。雨で濡れているため上手につかめず、一度にたくさんをさばけない。しかも、ファミリータイプのマンションだから、容量いっぱいに詰め込んだ袋が多い。透き通った袋の中には赤ちゃんのオムツらしきものもあり、持ち上げると手にズシッときた。雨が眼鏡にかかり、前が見えにくいうえに、体温で曇り始め、視界が遮られる。

それでも、積み重ねられたごみ袋をつかんで投入口へ投げ入れていく。ビニールが水を吸っているため、さらに重くなる。この重さは、作業員の体力をいたずらに消耗させる。徐々に息が切れてくる。雨なので暑さは和らいでいたが、炎天下での作業を想像すると、その過酷さにぞっとした。

作業中、小型プレス車の回転盤には細心の注意をしなければならない。手が巻き込まれると、取り返しのつかない事故に遭う。回転する縄跳びの中に入っていくような感覚で、タイミングを見計らって投入しなければ、ごみ袋が投入口から落ちてしまい、拾い上げる労力が必要となる。無駄な動作をしないためには、回転盤の動きに合わせて投入しなければならない。

ようやく積み込み作業が終わると、すぐに次の集積所へ向かう。それほど離れていない場合は、清掃車に乗らず、小走りで移動する。

作業中に走ることについて、新宿区当局からは「走れ」とも「走るな」とも言われていないそうだ。しかし、一般車が清掃車を追い越すことができないような狭い道幅であれば、待たせることになる。だから、迷惑をかけないために可能なかぎり早く収集するように配慮し、自発的に善意で次の収集所に小走りで向かう。積み込み作業で息が切れている状態での小走りは、体力を消耗させる。慣れればそうでもないのかもしれないが、高齢の作業員が行うには過酷な労働環境であろう。

次の集積所もファミリータイプのマンションで、同じような大量のごみ袋が積み上げられていた。先ほどと同じ要領で投げ入れていく。相当に重い。筆者は長身で股関節が硬いためか、ごみを拾い上げて投げ入れる動作は腰にかなりの負担だった。翌日は腰痛となり、講義で教壇に立つことが困難だったほどだ。

こうして一台分の収集を終えると、付近で待機していた二台目の小型プレス車に乗り移って作業を継続する(二一ページ参照)。雨が降りしきるなか、次から次へと集積所を小走りで移動しての作業が続く。集積所に到着するたびに、大量のごみ袋に圧倒され、「いつまで続くのであろうか」という気持ちも芽生えた。

過酷な労働環境

作業を通じて、とくに過酷だと感じた二点を挙げておこう。

ひとつは、六〇ℓのプラスチック容器（いわゆるごみバケツ）[2]いっぱいに詰められたごみを小型プレス車の投入口まで持ち上げ、引っくり返して中身を投入する作業である。重さにして約四〇キロ程度だろう。容器を持ち上げるだけでも多大な労力を要するうえに、「臭い」がついてくる。息を止めてある程度は作業できるが、いつまでもそうしてはいられない。だから、臭いを気にせず作業に打ち込んでいく。やがて、自らの吐く息がごみ臭くなっていることに気づいた。このような重たさと臭さのなかで、収集作業は行われている。

もうひとつは、危険と背中合わせで常に細心の注意を払いながら作業している点である。実際、ごみ袋の中には何が入っているか分からない。尖ったものが入っているかもしれない。家庭用ごみには爪楊枝や焼き鳥の串などが含まれているし、注射針が入っている場合さえある。慎重にごみ袋をつかみたいところであるが、そんな悠長な仕事をしていたら全量を収集できなくなるし、清掃車の清掃工場への搬入に間に合わない（三二ページ参照）。

ケガへの対策として、清掃職員は破傷風のワクチン接種をしている。接種には痛みが伴うから、できれば受けたくない。ルールどおりに住民がごみを出していれば、問題は生じない。しかし、住民が軽はずみな行為をすれば、そのしわ寄せはすべて清掃職員に及ぶ構造となっている。

らない。

清掃車の体制と待ち時間

二台目の収集を終えると、いったん休憩に入る。ただし、位置づけとしては「待ち時間」である。この待ち時間を理解するためには、清掃車の清掃工場への搬入体制を説明しなければならない。

新宿区には清掃工場がない[3]。したがって、他区にある工場に運び込まざるを得ない。そこで、可燃ごみの収集は清掃車二台体制で臨んでいる。一台目を「早番」、二台目を「遅番」と呼ぶ。ごみを積み終わった早番の清掃車は、指定された清掃工場（この日は東京湾に近い品川清掃工場）へ搬入する。そして、作業員はあらかじめ決めておいた場所に待機している遅番の車に乗り移る。こうした流れで、清掃車二台と作業員二名が一つのユニットとなって収集作業が進められていく。一方、運転手は、一日に収集現場と清掃工場を三往復することになる[4]。

理論上は、遅番の清掃車に積み込んでいるうちに早番の清掃車が清掃工場から戻り、再度それに乗り移って積み込み作業を継続させるという形が想定されている。しかし、実際にはどうしても待ち時間が生じてしまう。とくに、区内に清掃工場が存在しない新宿区の場合は、やや遠い工場への搬入が割り当てられる傾向にある。首都高速を利用して往復するが、交通事情に

（2）新宿区では、可燃ごみは中身の見えるポリ袋かふた付きの容器に入れて出すことになっている。
（3）そのほか、荒川、台東、千代田、中野、文京の各区にはない。

よって定時は確保しにくく、自ずと「待ち時間」が生じる。

早番の清掃車が戻るまでの間、作業員は事前に打ち合わせていた場所で待機する。筆者は、シャッターが降りた店の簡易な庇(ひさし)で雨宿りして、水分を補給しながら待っていた。一方、相方の清掃職員は、ただ待っているだけではない。周辺の集積所のごみの質や量を確認し、今後の作業に向けた情報収集を行っていたのだ。こうした行為は想定しておらず、驚かされた。

しばらくして、早番の清掃車が戻ってきた。事故渋滞が発生したため、往復にかなりの時間がかかったという。筆者らは早速乗り込んだ。

収集業務の奥深さ

雨脚が強まるなかで、神楽坂地区の収集作業を続けた。当初は積み込みで精一杯で、まわりを見渡す余裕がなかったが、少しずつ慣れてくると、周囲を把握できるようになる。

収集作業中、相方の清掃職員は一度にたくさんのごみ袋をつかみ、清掃車の投入口に投げ入れていた。少なくとも片手で四五ℓサイズを二つ、つまり一回の作業で最低四袋だ。しかも、結び目をつかんで投げ入れると同時に、次の動作に入っている。流れるような無駄のない動きで、ごみを積み込むテクニックを垣間見た。そもそも、流れるように身体を動かして作業しなければ、過度な負担がかかり、腰痛を引き起こす。

ごみ収集業務を単純な積み込み動作の連続であると思う人が多いだろう。ところが、効率良く業務を進めつつ身体に負担がかからない理想的な動作が存在し、その追求は非常に奥が深い。単純な積み込み作業では決してない。

また、ごみ袋を清掃車の投入口に投げ入れれば終わりではない。ごみがプレスされてタンクの中に均等に押し込まれるように、左右のバランスをとりながら投げ込む必要がある。作業員は頭の中でタンク内の状況をイメージして、作業しているのである。これは、予定どおりに収集作業を完了させ、ひいては住民に衛生的な環境を提供することにつながる。

家庭ごみは一度に三袋まで無料で排出できるため、ごみ出しが集中すれば、積み切れない。年末年始や春の引越しシーズンは、ある程度見通せる。だが、それ以外で集中するときもある。それを想定して、均等に積み込む訓練をしておく必要がある。

（4）収集したごみを搬入する二三区内の清掃工場は、「東京二十三区清掃一部事務組合」（以下「清掃一組」という）が管轄している。二三区から出るごみを二一カ所（建て替え中を含む）の清掃工場でなるべく均等に処理するために、清掃一組は各区に対して、収集したごみを搬入する工場を毎週指示する。たとえば、「新江東清掃工場に二回、品川清掃工場に一回」というような形で指示される。どの順番に搬入するかは運転手の裁量に任され、事故によって渋滞が発生すれば、その影響が少ない清掃工場へ先に搬入する。運転手は作業員に対する配慮として、積み込み作業に影響が及ばないように、なるべく早い往復を心掛ける。一方、作業員は運転手に対する配慮として、なるべく早くごみを積み込み、清掃工場へ出発できるように心掛ける。

万一、積み切ることができなければ、他の清掃車がフォローしなければならない。しかし、すべての清掃車にごみの排出量に見合った収集コースが割り当てられているから、応援体制がすぐに整うかどうかは当日の現場の状況による。それゆえ、各清掃車が割り当てられたコースのごみを確実に積み切らなければ、他の収集計画が狂い、全体的な業務コントロールが難しくなる。このように、収集業務は単純にごみ袋を積み込む作業では決してない。刻々と変化するさまざまな要因を想定し、緻密な計算のもとに行われている。

清掃職員の寛大な受けとめと使命感

作業中に分かったことだが、腹立たしく思えるようなルール破りのごみが多かった。だが、清掃職員はその状況を寛大に受け入れ、できるかぎりの対応を現場で行っている。

第一は、水分をしっかり切っていないごみである。重くなるから、投げ入れにかなりの力を要する。しかも、プレスして押し込む際にごみ袋から水分が飛ぶ。プレス車のタンクの中が少ないうちは問題にならないが、だんだん詰まっていくと、押し込む際にごみ袋が破裂し、水分が作業員に飛び散る。作業員にかかるだけならまだよいが、通行人、周辺の建造物や施設にかかってしまうと、取り返しがつかない。そのため、押し込む際に袋が破裂する音が聞こえ始めると、細心の注意を払う。飛び散るようであれば、自らの身を挺して盾となり、飛散を防ぐ。

毎年、新宿区から各家庭に配布されている「資源・ごみの分け方・出し方」には、生ごみを出すときの注意として「水切りをしてお出しください」と記載して、周知を心掛けているものの、なかなか徹底されない。排出者がルールを守れば、飛散問題は回避される。排出者のモラルの低下を清掃職員がカバーしているのが現状である。

第二は、きちんと結ばないまま出されているごみ袋である。すでに述べたように、作業員は結び目をつかんで素早く投げ入れていく。ところが、結び目がゆるいと、つかみ損ねる場合がある。落としてしまえば、路上にごみが散乱する。その際には、清掃車に積んである「かき板」を利用して片付け、原状以上の美観を保つように心掛ける。

筆者はつかみ損ねてごみを散乱させ、迷惑をかけてしまった。ベテラン職員でも、ときにはつかみ損ねるという。清掃車の後ろで通行車両が待っているときにごみが散乱すれば、多大な迷惑を通行車両や通行人にかける。排出者は袋を結ぶことが手間なのかもしれないが、その手間を怠ると、しわ寄せが作業員にいき、ひいては住民にまで及ぶ。仮に、高齢や障がいでごみ袋を結ぶことができない場合は、テープで留めるなどの工夫が必要である。

第三は、分別をしっかりと行っていないごみである。可燃ごみにもかかわらず、ペットボトル、缶、スプレー缶、乾電池が入っているごみ袋も見られた。ペットボトルについては、簡単な洗浄で内容物が取れないもの以外は、資源としてリサイクルする決まりである（キャップとラベルは容器包装プラスチックへ）。スプレー缶や乾電池は清掃車の火災を引き起こす危険性があるから、分別しなければならない。

こうしたルールが定められているにもかかわらず、手間と感じるのか、可燃ごみとして出されるのだ。作業員は投げ入れる際に、分かる範囲でスプレー缶や乾電池を抜くように心掛けている。とはいえ、集積所に並ぶ多量のごみを素早く積み込まなければならないから、すべての詳細なチェックは不可能である。排出者のモラルの欠如が収集業務に多大な支障を及ぼすことになる。

現場で収集する多くの作業員の姿からは、暮らし心地の良い環境を区民に提供していくという確固たる使命感が滲み出ている。しかし、残念ながら、そうした気持ちを踏みにじるようなごみが出され続けている。本当に残念だ。

ごみやごみ汁を浴びる体験

午前中最後の集積所は神楽坂通りに面しており、事業系有料ごみが出されていた。パン屋の前に置かれた六〇ℓのポリ容器を持ち上げると、小麦粉らしい粉が大量に詰まった袋が入っている。ところが、回転盤が作動した際に袋が破裂。「バン」という音とともに、左半身に白い粉を被ってしまった。幸い通行人がいなかったので、自らが被るだけだったが、粉は道路にも散乱した。臭いはそれほどしない。降りしきる雨のお陰で、道路の粉も筆者の服についた粉も洗われていった。

肉屋の前に置かれていたプラスチック容器からは、賞味期限が切れたのであろうか、肉の塊が入ったビニール袋が出てきた。回転盤が作動した瞬間、こちらも破裂。今度は肉の塊や汁を浴びてしまった。やはり通行人への被害はなかったが、道路に肉片が散乱し、独特の臭いが蔓延した。すぐに肉片を拾い集めて再度タンクに投入する。服に付着した肉片からは、鼻を突くような臭いが漂い、細かな肉片は雨で流されたものの、臭いは一日中消えなかった。

収集後は応援作業

午前中の積み込み作業が終わると、清掃車は作業員を東センターまで運んでから、清掃工場へ向かう。筆者たちは割り当てられた作業を高速回転で終え、ノルマを達成したが、午前中の作業が終わったわけではない。一定の目処が立つまで、東センターで行う不燃ごみの破袋選別作業(後述)に加わることになる。

東センターでは、軽小型ダンプ車や軽小型貨物車(以下「軽小型車」という。通称「軽小(けいこ)」)で不燃ごみを収集している。その中には、ライターやスプレーが混ざっているケースがある。それらを運んでしまうと、清掃車や不燃ごみを積み替える新宿中継・資源センター(大久保地区。以下「新宿中継センター」という)で火災が発生する危険がある[(5)]。それを防止するために、

(5) 新宿中継センターで積み替えたコンテナの火災は、二〇〇七年以前は数件程度であったが、〇八年からの輸送方法の変更にともない激増。二〇一〇年には一〇七件にも達し、大きな問題になっていた。

不燃ごみからライターやスプレーを抜き取る、破袋選別作業を行わねばならない。だが、二名の清掃職員しか割り当てられておらず、とても対応できないので、それぞれの持ち場が片付いた職員が応援に入る。同時に、びん、缶、ペットボトルなどの資源や蛍光灯も抜き取り、リサイクル推進の一助としている。

この応援は、業務命令ではない。清掃職員の自発的な協力によって、行われている。職員の団結力は非常に固い。この力が業務遂行上の至るところで機能しているがゆえに業務が順調にまわっていると言っても、過言ではない。

不燃ごみを積んだ軽小型ダンプ車や軽小型車が到着すると、清掃職員は降ろして抜き取りにかかる。作業を終えると、不燃ごみを中継センター行きの小型プレス車に積み込む。この小型プレス車は直営車で、東センターと中継センターの間を往復している。片道約二〇分かかるので、運転手の休憩時間を確保するためには、一一時過ぎの切りのよい時点で、作業を終えなければならない。

この日も一一時五分ごろに切り上げ、その後は午前中の作業での汚れを休憩時間までの間で落としにかかる。合羽を着ているとはいえ、雨に打たれるので全身が濡れている。雨なのか汗なのか分からない濡れた服をすべて脱ぎ、新しい下着と作業着に着替える。このとき、生き返ったような感覚を覚えた。清掃職員たちは東センターに設置された洗濯機を回している。あっという間に三〇分近くが経過し、昼休憩となった。

一時間の昼休憩

休憩時間として定められているのは、一一時半から一二時半までである。その間に収集作業で消耗した体力を回復して、午後からの作業に備える。休憩時間にいかに身体を休められるかが、清掃職員を長く続けるための重要な要因となる。使い捨てのように作業員を一時に酷使して終わりではなく、継続して収集作業に従事するには、身体をよくメンテナンスしておく必要がある。

そのためにも、汚れていれば休憩時間までに簡単に身体を洗い、作業着や靴を手入れする。作業着は夏服・冬服ともに二着しか支給されないので、汚れれば、すぐに洗濯して乾かさねばならない。

昼休憩が近づくにつれ、清掃職員たちが戻って来て、控室はにわかに活気づく。現場で起きたエピソードを面白おかしく話す声も聞こえてくる。収集現場で日々予想もつかないことが起きていることが、よく分かった。

昼食を持参する職員もいれば、東センター付近の飲食店で食事する職員もいる。筆者は職員たちの行きつけの店に行った(その後も何度も通った)。午前中のごみにまみれた作業着のままでは飲食店に入ることができないと、改めて認識した。その店は清掃職員へかなりの配慮をしており、肉体作業で消耗したエネルギーを補給するために大盛りが提供される。清掃職員の活躍への感謝の意をこのような形で表現しているのだと痛感した。些細なことだが、さまざまな人たちの支援を受けながら清掃業務が行われているのである。

食事が終わり、東センターの控室に戻ると、多くの職員が仮眠していた。控室の長椅子やロッカールームの長椅子など、自らの場所を見つけて束の間の休息を取る。出勤時間が早く、収集作業には体力を要するから、食事後は睡魔に見舞われる。筆者も何日か経つと、ロッカールームの長椅子や地べたに寝て英気を養うようになった。

午後の作業

午後は二台分のごみを積み込む。一二時四〇分に東センター前に到着した小型プレス車に乗り込み、作業現場に向かった。雨は降り続いている。夏なので濡れてもまだよいが、冬の寒空で冷たい雨が降る際には過酷な状況が予測できた。

午前中でだいたいの感覚をつかんだのか、午後は周囲をより観察しながら収集業務ができたようだ。休みを取ったため、体力も多少回復していた。二台分の作業は、おおむね一四時までには終わるという。終了後は東センターに戻り、待機となる。そこから定時の一六時二五分までの時間が外部の者には見えにくい。

収集業務は、ごみを収集する収集作業と、収集したごみを清掃工場に運び込む運搬作業で成り立つ。清掃車にごみを積み込む作業員と清掃車を運転する運転手は一体となって収集業務を行い、相互に影響を受け合う。この点をよく理解しておかなければならない。

清掃業務は、残業を発生させないという大前提のもとで、定時に職員が退庁できるように管理されている。退庁時間から逆算して、作業員と運転手の業務が決まる。もうひとつの制約要素として、清掃工場のごみ搬入の受付時間がある。二三区にある清掃工場の搬入受付は一五時半まで。仮に搬入できなければ、収集したごみをそのまま自らの区に持ち帰って保管することになり、きわめて不衛生な状態となる。

こうした制約のもとで運転手が一六時二五分に退庁するためには、清掃工場にごみを搬入して戻る時間、戻ってから清掃車のタンクを洗浄する時間、自分の身体を洗う洗身（せんしん）の時間を、それぞれ確保する必要がある。逆算すると、一四時前後までが収集作業を行う限界だ。前述したように、どの清掃工場にごみを搬入するかは清掃一組（二三ページ参照）より指示がなされる。最寄りの清掃工場に搬入できるわけではない。渋滞に巻き込まれる危険性もある。作業員はなるべく早く積み込み作業を終え、清掃車が清掃工場に向かえるようにすることが、運転手への最大限の配慮となり、定時退庁につながる。

作業員は、二台分の作業を終えると、東センターに仮置きした可燃ごみの積み込み作業（六七ページ参照）を共同で行い、作業場を掃除する。その後は、基本的に待機だ。ここでは、回収し忘れや取り残しについての住民からのクレームへ対応するため、いつでも出動できる態勢を整えておくことが業務となる。

洗身と退庁

午後の収集作業後の時間は、退庁や翌日の作業に向けての準備時間でもある。清掃職員は、作業によってはごみまみれになったり、臭いが染みついたりする。そのままでは公共交通機関を利用できない。それは人権侵害にも当たると思われる。したがって、清潔な格好で帰宅できるように、洗身が必要となる。そのための施設が清掃事務所や清掃センターには整備されている。東センターには男性用の洗身施設しかないが、落合地区の新宿清掃事務所には女性用の洗身施設もある。

いっせいに集中すれば洗身施設がパンクするから、状況を見計らって順番に洗身していく。筆者も利用させていただき、汚れを落とした。一堂に会して洗身するので、職員同士のコミュニケーションが取られ、仲間意識や絆が醸成される。当日の作業で出くわしたエピソード、問題点、明日の作業への引き継ぎ事項などの会話も聞こえてくる。こうした場におけるコミュニケーションが清掃職員のチームワークの醸成、ひいては抜かりなく清掃行政を行うノウハウの構築につながる。洗身の場は、間接的に清掃行政の質を向上させる一助となっているのである。

洗身を終えて身支度をし、定時になれば退庁する。こうして清掃職員の一日が終わる。清掃業務は朝が早い分、終わりも早い。

2 新宿区の清掃行政

二三区・一部事務組合・東京都による分担・連携

廃棄物の処理及び清掃に関する法律（以下「廃棄物処理法」という）上、一般廃棄物の処理責任は市町村とされている。東京二三区では長く東京都が担ってきたが、都区制度における区の自治権拡充の流れのなかで、二〇〇〇年に区に移管された。都区協議会での協議を経て、二三区、一部事務組合、東京都が役割を分担・連携して清掃行政が行われることが決まる。これは他地域では見られない独特な体制である。

一般的に清掃行政は、①収集・運搬、②中間処理、③最終処分の三工程で成り立つ。この各工程を二三区、一部事務組合、東京都が受け持っている。

①は排出される一般廃棄物を収集し、清掃工場や処理施設まで運ぶ業務であり、二三区の担当である。一般廃棄物は大きく、可燃ごみ、不燃ごみ、粗大ごみに分けられる。さらに、再生利用が可能なものを分別した「資源」があり、合計四つのカテゴリーが存在する。これらは処理過程が異なるため、収集・搬入する経路が異なる。

②はごみを焼却処理したり破砕・選別したりする工程である。最終処分する前に焼却し、ば

い菌、害虫、臭いの発生を防ぐとともに、焼却による減容によって最終処分場に持ち込む量を減らす。これは、最終処分場の受容量に制限があるためで、焼却処理によって二〇分の一程度に減容する。その過程では、焼却灰の一部をセメントの原料としたり、溶融してスラグ化してアスファルトをはじめとする土木資材としたり、有効活用がなされている。一方、破砕・選別においては、破砕によって容積を減らすとともに、資源として利用できる金属を収集する。このような中間処理は清掃一組(一部事務組合)が行っている。

③は中間処理後に出た残渣を東京湾の埋立地で埋立処理する工程であり、東京都が担当(受託)する。現在は、東京湾中央防波堤外側埋立処分場と新海面処分場に埋め立てている。新海面処分場は二三区最後の埋立処分場であり、五〇年先まで利用できると言われている。新海面処分場がいっぱいになれば、二三区で生じるごみの最終処分先はなくなる。したがって、限られた処分場をいかに長く使うかが最大の課題であり、そのために少しでもごみを減量することが私たちに求められているのである。

こうした全体像(図1)を理解しなければ、各区が担当している収集業務は理解できない。

新宿区と清掃行政の概要

新宿区は東京二三区のほぼ中央に位置し、本庁舎は日本有数の繁華街・歌舞伎町の真ん中にある。二〇一八年三月現在、人口は約三四万二〇〇〇人で、うち一二%が外国人だ。その比率は二三区のなかで最も高い。玄関口となる新宿駅は日本一の乗降客数を誇り、東京都庁をはじめとする超高層ビル街や複数の繁華街には昼も夜も多くの人びとが集まる。一方で、風情ある路地景観や閑静な住宅地も擁し、多様な顔をもつ懐の深い地域である。

世帯数は約二一万七〇〇〇、そのうち六割以上が単身世帯で、個人のライフスタイルを尊重して生活する区民が多い。事業所は三万五〇〇〇程度あり、うち従業員九人以下が七割を占める。従業員数は約七〇万人で、飲食店、宿泊業、卸売・小売業などサービス業が多い。こうした多様な人びとや事業所が生活や事業を営んでいるため、その過程で発生するごみは大量となり、多様なものが捨てられる。

新宿区の清掃事業は、新宿清掃事務所、新宿東清掃センター、歌舞伎町清掃センター、新宿中継・資源センターの四拠点で展開している。主な業務内容は、家庭廃棄物を可燃ごみ、不燃ごみ、資源に区分して収集・運搬することである。また、不燃ごみの処理センターがある中央防波堤までは距離が遠いため、新宿中継センターで大型コンテナに積み替える。

可燃ごみは、週二回収集する。家庭廃棄物は無料だが、粗大ごみや臨時に大量排出する場合は手数料を徴収している。集積所に自ら持ち出すことが困難な住民に対しては、依頼に基づき各戸訪問収集を行う。一方、事業者が排出する資源・ごみは自己処理が原則だが、区の収集業務に支障がない程度ならば、「有料ごみ処理券」を袋に貼付する条件で収集している。さらに、歌舞伎町などの繁華街やそれに準ずる区域では日曜日や正月を除いて毎日収集し、特定の場所

と資源の流れ

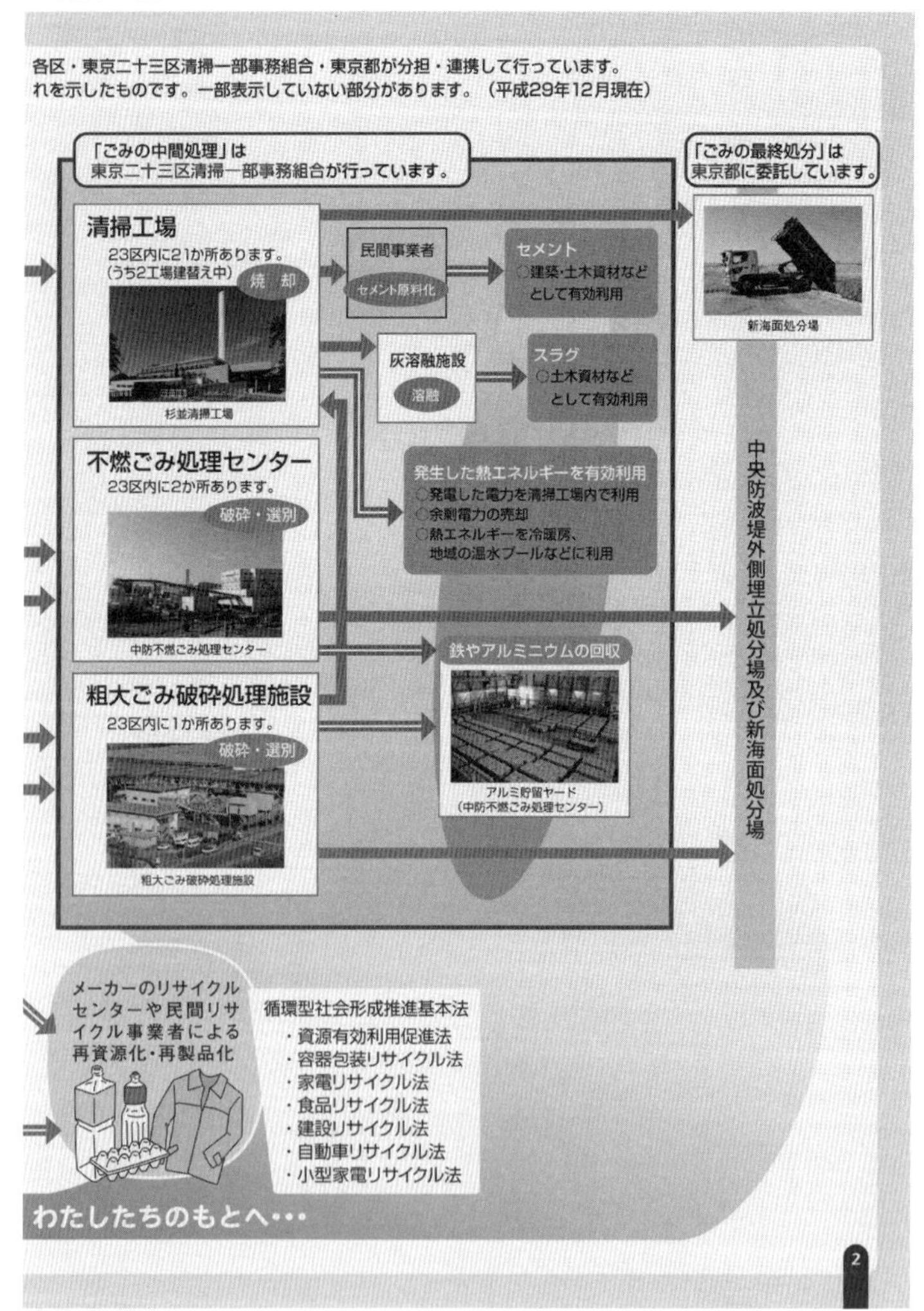

けて』2016 年，1 ～ 2 ページ。

図1　23区のごみ

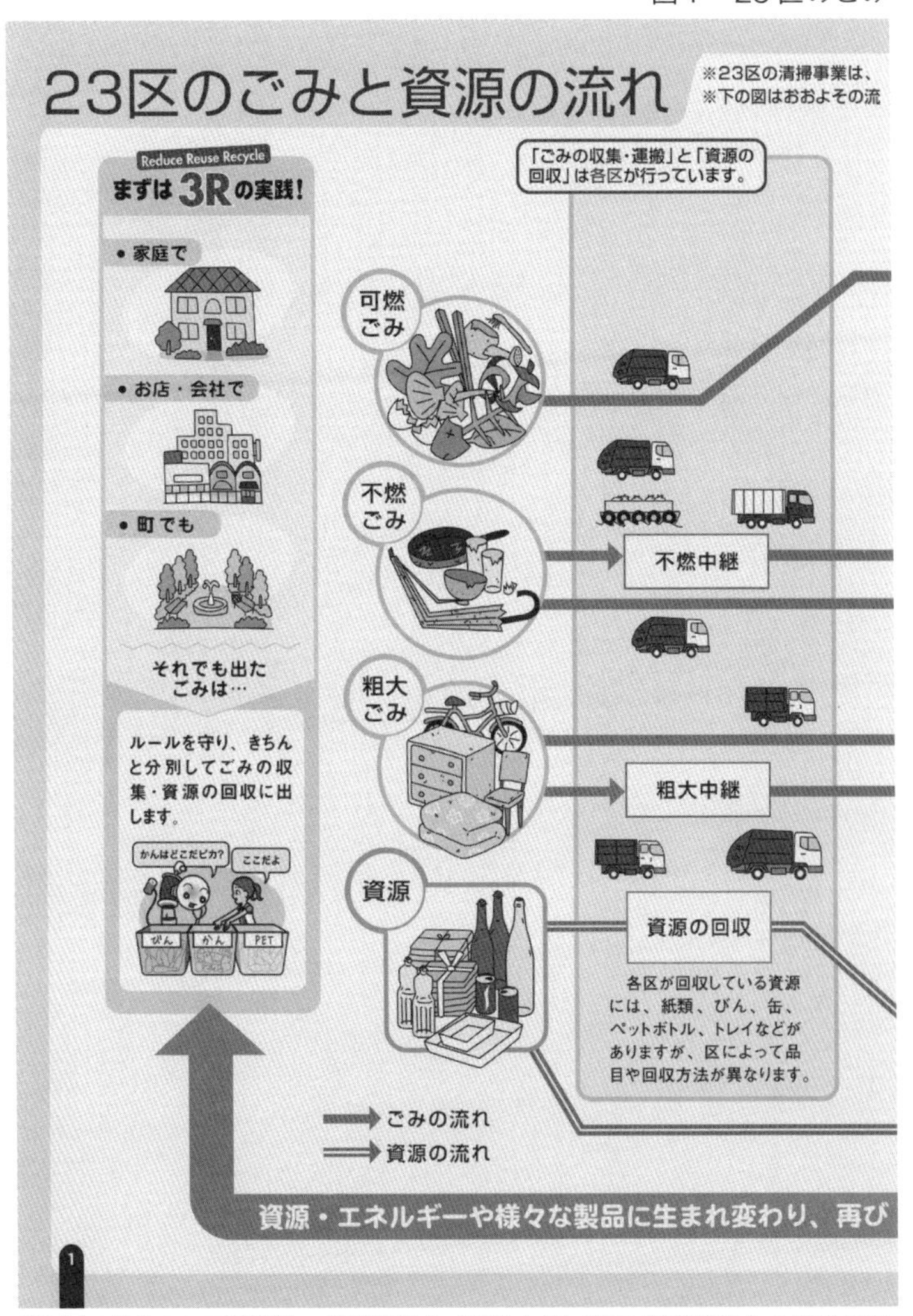

（出典）東京二十三区清掃一部事務組合『ごみれぽ 2017 循環型社会の形成に向

表2　新宿区のごみ集積所数（2017年4月現在）

事務所・センター ＼ 収集日	月・木曜地区	火・金曜地区	水・土曜地区	毎日収集地区	計
新宿清掃事務所	3,581	2,504	3,412	0	9,497
新宿東清掃センター	1,941	2,393	2,222	140	6,696
歌舞伎町清掃センター	1,588	1,653	1,906	767	5,914
計	7,110	6,550	7,540	907	22,107

（出典）新宿清掃事務所「平成29年度 清掃事務所 事業概要」2017年，8ページ。

ではカラス対策のため午前六時半から早朝収集を行う。こうして清潔な都市空間の維持に努めている。

金属・陶器・ガラスなどの不燃ごみは、月二回収集する。折れ曲がった傘、割れたガラスや陶器、びんなどが多い。なかには、ライター、スプレー缶、カセットボンベ、乾電池などを混在している袋もある。

可燃ごみ、不燃ごみが出される集積所数は、二〇一六年四月現在、二万二一〇七カ所にも及び、本書で取り上げる東センターが受け持つ集積所は六六九六カ所だ（表2）。

一方、資源の収集は業者に委託している。回収しているのは、古紙をはじめとして、びん・缶、ペットボトル、紙パック、白色トレイ、乾電池、容器包装プラスチックなどである。町会やマンション管理組合などが区に登録し、資源を業者に引き渡すことで報奨金を支給する集団回収も実施している。

こうした収集作業のほか、重要な仕事にふれあい指導（第3章4）と環境学習（第3章5）がある。前者は、収集班によるPRでは十分に改善しきれない重点地区、問題のある集積所、クレームが寄せられた集積所などを巡回し、状況を確認してきめ細かな排出指導を行う。後

図2　東京清掃労働組合組合員数の推移

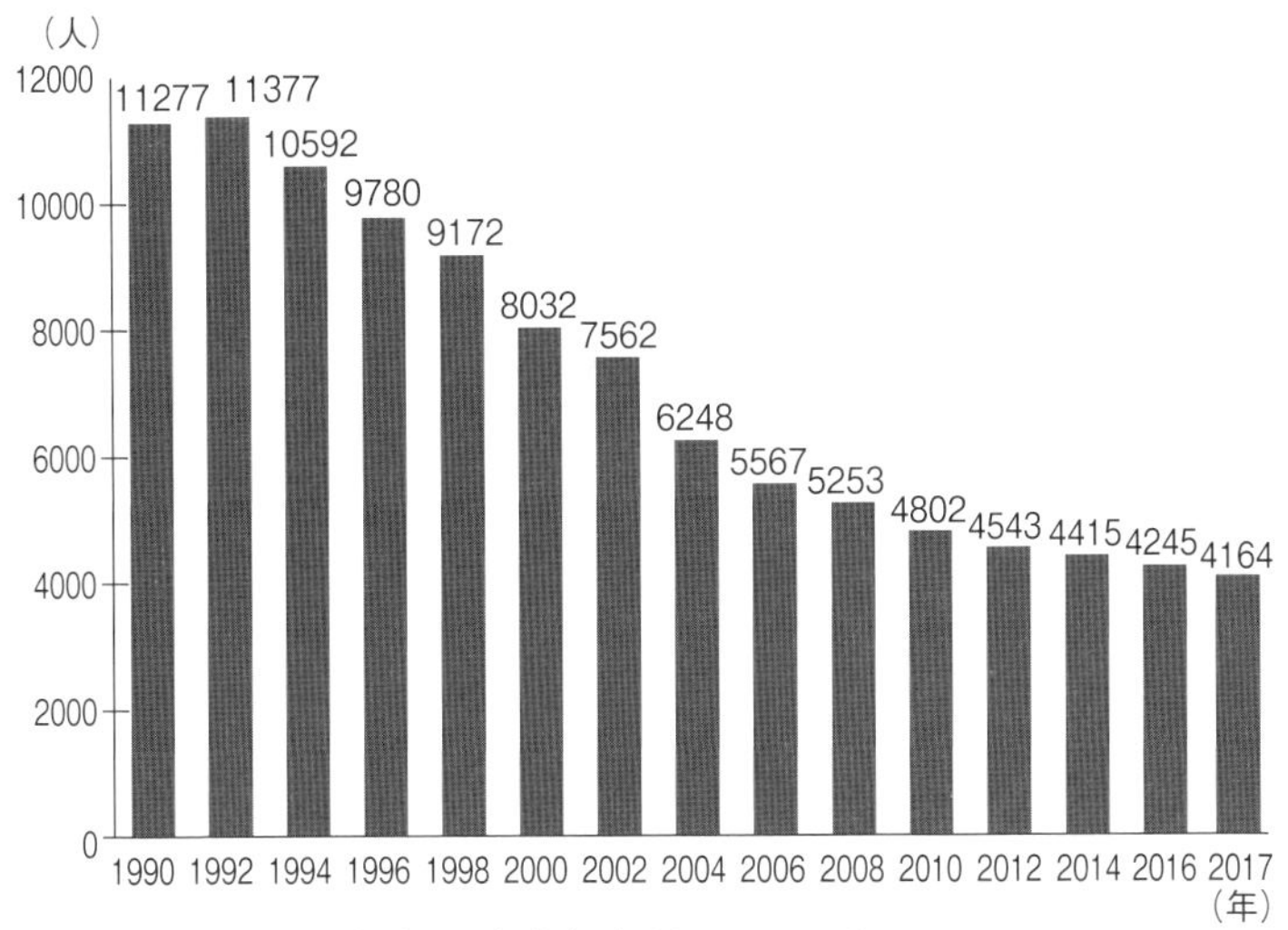

(出典) 東京清掃労働組合から提供を受けたデータによる。

者は、希望する学校や地域団体に出向いてリサイクルの必要性や資源とごみの分別を学んでもらう。

清掃行政の職員数

二三区の清掃労働者数は減少傾向にある。清掃業務移管前の約八〇〇〇人から、二〇一七年には約四二〇〇人にほぼ半減した(図2)。退職者の不補充と委託化が進んでいるからである。

新宿区の清掃事務に携わる職員数は、二〇一七年四月一日現在、合計二〇四人(表3)。そのうち、収集・運搬に関わる作業員は再任用・再雇用を含めて一三六人である。中継センターの作業員、整備士に加え、事務所に勤務して管理・監督系業務を行う技能長も含めれば、一七一人が現業系の職員数だ。

表３　職種別職員数（2017 年４月１日現在）

職　種	新宿清掃事務所	新宿東清掃センター	歌舞伎町清掃センター	新宿中継・資源センター	計
管理職	2	0	0	0	2
事務	17	3	2	3	25
機械	0	0	0	0	0
技能長	9	6	6	0	21
作業	34	34	27	8	103
運転	23	2	2	0	27
整備	2	0	0	0	2
常勤職員計	87	45	37	11	180
再任用（事務）	4	0	0	0	4
再任用（機械）	0	0	0	1	1
再任用（技能長）	0	1	0	0	1
再任用（作業）	2	6	5	1	14
再任用　計	6	7	5	2	20
再雇用	2（事務 1、作業 1）	0	1（事務）	1（技能長）	4
計	95	52	43	14	204

（出典）新宿清掃事務所「平成 29 年度 清掃事務所 事業概要」2017 年、4 ページ。

表４　収集・運搬職種の配属別職員数（2017 年４月１日現在）

	新宿清掃事務所	新宿東清掃センター	歌舞伎町清掃センター	計
収集班	18	20	11	49
軽小班	14	5	15	34
機動班	0	9	0	9
ふれあい指導班	8	8	8	24
運転手	20	0	0	20
計	60	42	34	136

（出典）新宿清掃事務所「平成 29 年度 清掃事務所 事業概要」（2017 年、４ページ）を参照し、筆者が作成。

収集・運搬の職種に就く一三六人は、「収集班」「軽小班」「機動班」「ふれあい指導班」「運転手」のいずれかに配置されている（表４）。収集班は収集車の作業員としての業務にあたり、軽小班は軽小型車で狭小路地などの収集を行う。機動班は軽小型車の作業員になったり不燃ごみの破袋選別にあたったりと、当日の状況により機動的に業務し、ふれあい指導班は清掃指導や環境学習を担っている。

二〇〇〇年に清掃事業が区に移管されて以降、新宿区では退職者と同数の職員を補充せず、〇五年から三年おきに数人の現業職員を採用してきた。二〇〇五年に五人、〇八年に五人、一一年に四人、一四年に三人、一七年に二人である。二三区のうちでは定期的に採用しているほうだ。足立、荒川、江戸川、大田、北、杉並、豊島、中野の各区では、清掃事業移管後、清掃職員の採用は行われていない。

表5　直営保有車両の内訳(2017年4月1日現在)

施　設	車　種	台数
新宿清掃事務所	小型プレス車	22
	軽小型貨物車	7
	軽小型ダンプ車	1
	指導用	3
	連絡用	2
	使送用	1
	小　　計	36
新宿東清掃センター	軽小型貨物車	6
	指導用	2
	小　　計	8
歌舞伎町清掃センター	軽小型貨物車	5
	指導用	2
	小　　計	7
新宿中継・資源センター	軽小型ダンプ車	1
合　　計		52

(注1) 小型プレス車には予備8台、リース車両10台を含む。予備には環境学習用広報車1台を含む。
(注2) 使送用は電気自動車(リース)1台。
(出典) 新宿清掃事務所「平成29年度 清掃事務所 事業概要」2017年、17ページ。

新宿区の保有車数と配車計画

新宿区の保有車数(表5)と新宿

（2017年4月1日現在）

小型特殊車（3.2㎥）	小型ダンプ車（3.4㎥）	普通貨物車	軽小型貨物車		軽小型ダンプ車		合計
雇上	委託	委託	直営	委託	直営	雇上	
3			5		1	2	34
	5						5
		3		1			4
		12		3			15
							6
				2			4
3	5	15	5	6	1	2	68
3			5			3	36
		4		1			5
		14		4			18
							6
				2			4
3	0	18	5	7	0	3	69
3			4			3	24
		2		1			3
		12		3			15
							6
				2			4
3	0	14	4	6	0	3	52
9	5	47	14	19	1	8	189

清掃事務所の配車計画（表6）についても述べておこう。

配車計画においては、後述する二三区の清掃事業の業務請負を目的とした業者である「雇上会社」からの配車を受けた「雇上」（一五四ページ参照）と、区が選定した業者に業務委託した「委託」も掲載されており、いかに委託化が進んでいるか見てとることができよう。たとえば、可燃ごみの収集を行う小型プレス車を見ると、直営車

表6　配車計画

施設＼車種	種別	新大型特殊車(8㎥)	新中型特殊車(6㎥)	小型プレス車(4㎥)		
		雇上	雇上	直営	雇上	委託
新宿清掃事務所	収集		1	5	17	
	粗大					
	古紙					
	びん・缶					
	ペットボトル					6
	容器包装リサイクル					2
	計	0	1	5	17	8
新宿東清掃センター	収集		1	7	17	
	古紙					
	びん・缶					
	ペットボトル					6
	容器包装リサイクル					2
	計	0	1	7	17	8
歌舞伎町清掃センター	収集	1		2	11	
	古紙					
	びん・缶					
	ペットボトル					6
	容器包装リサイクル					2
	計	1	0	2	11	8
合　計		1	2	14	45	24

（出典）新宿清掃事務所「平成29年度 清掃事務所 事業概要」2017年、17ページ。

（一四台）の約三倍が雇上車（四五台）である。常期の配車計画で、直営車の割合は一五％程度にすぎない。正月明けのごみが多く排出される時期は、さらに雇上や委託の比率が高くなる。

第2章

研究者が体験した収集現場

ごみが散乱している正月明けの集積所(2017年1月5日、新宿区四谷三丁目)

第1章では、清掃職員の一日の仕事の流れを紹介した。彼らの業務の概要は、把握していただけたのではないだろうか。とはいえ、それはあくまで一つの切り口である。清掃職員の業務の実態には、多様な角度や視点から迫っていかなければならない。

筆者はほぼ一年間、参与観察させていただき、季節とともに変化する収集現場や作業風景を見続けてきた。また、一般的な小型プレス車だけでなく、軽小型車での収集、不燃ごみの収集と、それに付随する破袋選別作業やリサイクルに向けた資源の抜き取り作業も体験できた。こうして、収集業務についてはかなりの理解を深められたと考えている。

第2章では、季節ごとの作業の状況や、さまざまな収集業務について述べていきたい。あわせて、収集業務上の課題をかかえる新宿二丁目の状況についても述べる。それらをとおして、収集現場で活躍する清掃職員の姿を明らかにしていこう。

1　過酷な炎天下

炎天下での作業への心構え

収集業務の参与観察が始まった六月は梅雨空の下での作業が多く、日差しが遮られていた。だが、七月に入ると厚い雲は去り、炎天下での作業になる。夏本番の前とはいえ、かなりの暑さに変わりはない。

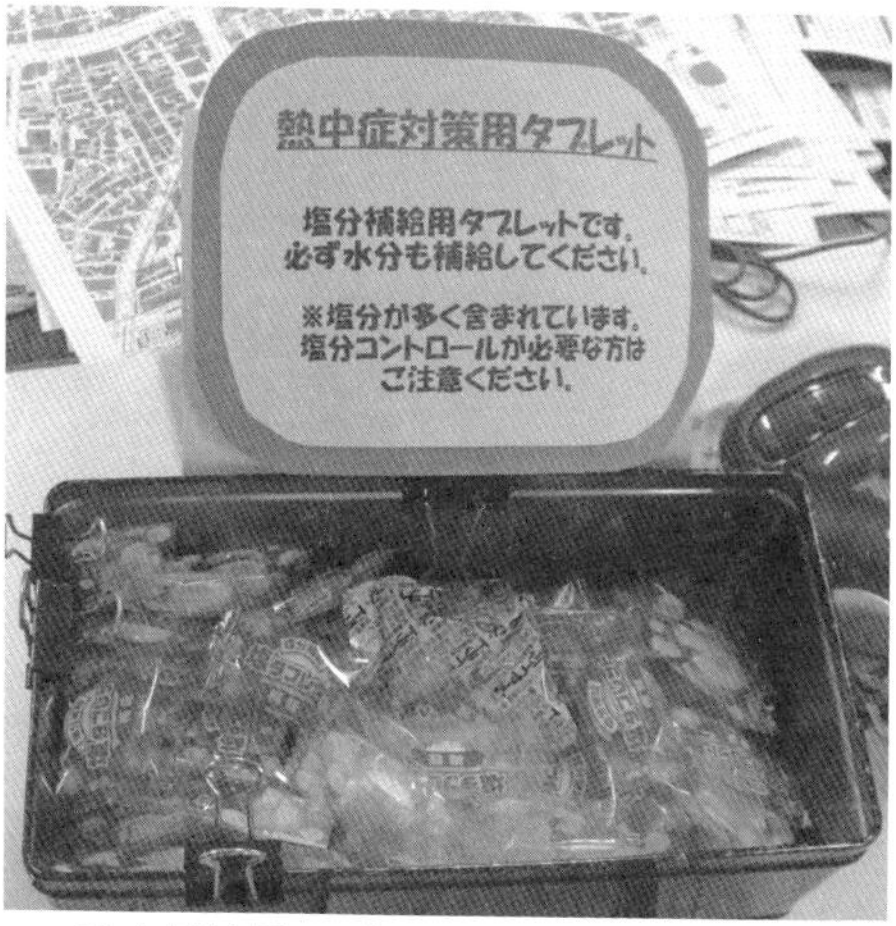

熱中対策用タブレット。中には食塩錠や味付きの塩タブレットが入っている

炎天下の作業では、熱中症を防ぐために、新宿区から塩分補給用のタブレットが配布されている。筆者は、控室のテーブルに置かれたトレイから味付き塩タブレットをポケットに入れ、作業の合間に摂った。なお、熱中症対策は区によってさまざまで、梅干が用意される区もあるという。

熱中症の原因はいろいろ挙げられるが、寝不足の状態や深酒をすれば発症する可能性が高くなる。付き合いで深酒をするときはあろうが、ほどほどで止めておかなければ、同僚はもちろん住民にも多大な迷惑をかけかねない。自らの体調を管理し、万全の態勢で収集業務に臨めるように自己コントロールすることが、真夏に収集業務を行う際の基本となる。睡眠時間を十分に取り、規則正しい生活も必要だ。清掃職員は「窮屈」な生活を強いられる。

路地の収集で使用される小型特殊車

猛暑で体力を消耗

七月四日は、小型特殊車（通称「小特（しょうとく）」）での収集を体験した。前日の東京の最高気温は三五・四℃まで上昇し、七月初めとはいえ灼熱地獄のような一日であった。日中に外に出ると、いきなりの猛暑に身体がついていけない。頻繁に呼吸困難状態になり、立ちくらみを起こした。体調を心配しながら、三〇代なかばの職員と組み、早番で小特、遅番で小型プレス車に乗る。作業現場は神楽坂方面だ。

　小型特殊車は、狭い路地でも通行できるように小型化され、車幅は小型プレス車よりも小さい。最も狭い路地は軽小型車が対応し、多少は道幅が広いが小型プレス車では入れないような路地での収集作業に、小特が利用される。この小特は小型プレス車が普及する以前のタイプで、投入口の回転盤を回転させるとごみがタンクに積み込まれる構造である。プレス車のような圧縮機能は装備されていないため、一度にごみを投入する量は限られる。さらに、回転盤のスピードは遅く、積み込みに時間がかかる。

この日もファミリータイプのマンションが立ち並ぶ神楽坂地区に向かい、到着後すぐに積み込み作業に入る。集積所には、ごみがいっぱいに詰め込まれた四五ℓのごみ袋が山積みされていた。手に取るとズシッとくる。今日の収集作業もかなりの労力を要することが予測された。

午前八時少し過ぎだが、日差しはきつい。六月の作業とは、まったく状況が違う。重いごみ袋を次から次へ積み込むのだが、熱のバリアに阻まれる、動きたくても十分に動けないような感覚を覚えた。少し動くだけで汗が噴き出し、いたずらに体力を消耗していく気がする。

日差しは、ますますきつくなっていく。積み込み終わると、次の集積所まで走る。大粒の汗が流れ、制服の下に着たシャツからはピチャピチャと音がしていた。下を向くと、眼鏡の内側に額から汗が流れ落ち、前が見えなくなるほどだ。「いつまでもつか」と思いながら、作業を続けた。

小型特殊車では、辛うじて車が一台通行できる路地に面した集積所のごみを収集していくから、作業中に車が来れば、収集が終わるまで待ってもらわざるを得ない。歩行者も待たせることが多い。長い路地に入ったときに限って、後ろに車が来る。路地の収集がすべて終わるまで車の通行を阻む結果に何度かなった。そうした際は迷惑を最小限にするために、可能なかぎり急いで作業するしかない。「エンジン全開」の状況で、ありったけの力を振りしぼり作業を進める。長い路地が多いので、必然的に「エンジン全開」での作業も増える。

この「エンジン全開」状態を、きつい日差しが邪魔をする。通常以上の体力が必要となり、いっそう消耗する。そして、大粒の汗が噴き出す。炎天下での全力作業が、どれほど体力を消耗させるか。非常に過酷な労働であることを実感した。

暑さの中で寒さを感じる

終わりの見えないまま作業が続くにつれ、「まだ終わらないのか」という感情が湧いてくる。ようやく相方の職員から「作業終了です」という声があり、過酷な作業からいったん解放された。遅番の小型プレス車は清掃工場へ搬入に向かい、われわれ作業員は神楽坂の若宮公園に設置された待機スペースへ足を運んだ。ここで、早番の小型特殊車が清掃工場から戻るまで待機する。

待機スペースは若宮公園の地下部分につくられており、日差しがないので、やや涼しく感じられる。水分を補給しながら休憩していると、汗で濡れた服が冷たくなっていった。やがて、その冷たさで寒さを感じ、震えも出始めた。暑さに苦しめられた後で、今度は寒気に苦しめられる。理解しづらい状態に陥った。

夏場は着替えを持って収集業務を行うのがよいのかもしれないが、車を移りながらの仕事だから荷物になる。相方の職員も着替えを持っていなかった。それは、ひどく汗をかかないように、水分を補給しすぎず、体調を整えているからである。清掃職員にはさまざまな資質が求められるが、自己管理の要素はかなり大きい。

さらに過酷となる真夏の作業

二〇分ほど経つと「早番の車が戻ってきた」という連絡があり、午前中後半の作業を開始。日差しはよりきつくなり、流れる汗がさらに大粒となっていく。次の集積所までの移動距離が多少あるときは清掃車に乗り、わずかな時間で水分を補給し、現場に到着するとすぐに作業に取り掛かる。その繰り返しだった。

作業をしていると、だんだん息が切れてくる。いったん雲の陰に隠れた太陽が再び出てきたときは、熱気の中で作業をしていることがよく分かった。頭のてっぺんと装着しているヘルメットの間に熱がこもり、脳に影響を及ぼすのであろうか。意識が遠くなる瞬間が数回あった。目の前が黄色になることもあったほどだ。

ところが、収集作業後に、「今日は前日ほどの猛暑ではない。まだまだ序の口だ」と言われた。真夏になれば、さらに過酷な作業環境となるという。この日はアスファルトからの照り返しがなく、また、住宅街であったので影が多かったそうだ。彼らが「本当の地獄」と呼ぶ状況を想像し、いかに過酷なのかを再認識した。

ちなみに、真夏は作業を続けていると身体が重くなり、何も食べたくなくなるという。しかし、食べなければ力が出ない。ご飯に水をかけ、おかずは豆腐一丁という昼食になるそうだ。

もう一台分の収集は可能か

世間には、「清掃職員はあまり働いていない」という声が存在している。とくに、街中で清掃車の到着待ちをしている時間に談笑する職員を見て、そう指摘するのかもしれない。だが、それは一日の仕事の中のごく一部である。また、清掃車が渋滞に巻き込まれて、たまたま待ち時間が発生したのかもしれない。そのシーンだけをとって、職員の怠慢を糾弾することは大きな誤りである場合が多い。

一方で、そうした潜在する「民意」へ対応するために、作業回数を増やし、清掃職員の稼働率を上げるという考え方もあるだろう。と言っても、第1章で述べたとおり、清掃業務は緻密な積み上げ計算によって組み立てられているし、物理的な制約もあるから、収集回数の増加は難しい。それでも増やすという判断をするのであれば、清掃工場への搬入時間を削らなければならない。そのためには自区内への清掃工場の新設が、最も有効な手段となる。ただし、過去の経緯に鑑みても、清掃工場の新設は非常に難しい。

このような物理的な制約を捨象し、単純に午前中四台、午後二台という現状からの収集増についいて、「可能か不可能か」と選択肢を突きつけられれば、「人間やればできる」というモットーをもつ筆者は、「可能である」と言いたいところだ。しかし、実際に炎天下での作業体験を踏まえれば、追加は難しいと判断せざるを得ない。

体力を消耗した清掃職員を「使い捨て」ればよいわけでは決してない。長く清掃行政に携って経験を積み重ね、今後のあり方やビジョンを現場サイドから提唱する人材を育てる必要がある。その視点から考えれば、一時的な「完全燃焼」は全体の最適化を導かない。継続して労働を提供できる安定した稼働態勢が、全体的な効率化へ至る手段であろう。

2　新たな発見と年始の惨状

注意喚起のシールの貼付と簡易な清掃指導

当初の「お客様待遇」を脱して「一現業職員」として参与観察を続けるうちに、秋が深まっていく。それまで見えなかったことに気づくようになり、積極的に観察することで新たな発見が増えていった。収集・運搬業務の体系的な理解も進んだ。

ごみ収集の際には、排出ルールが守られていないごみ袋が必ず出現する。そのまま収集すると、結果的に清掃工場の焼却設備に悪影響を及ぼし、最悪の場合は焼却プラントが停止する(1)。したがって、一つひとつのごみに注意を払い、慎重に判断して積むことが求められる。

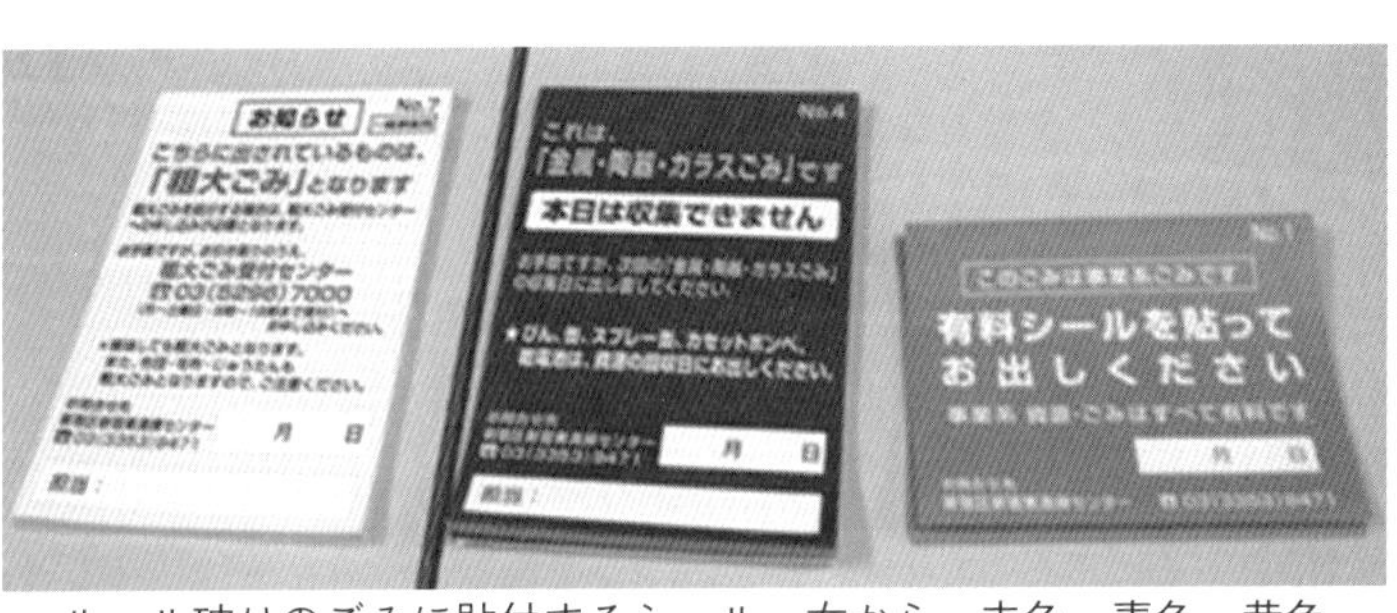

ルール破りのごみに貼付するシール。右から、赤色　青色、黄色

通常、清掃職員は注意喚起のシールを持って収集業務を行っている。そのシールは、写真のように三つに分けられる。

①粗大ごみとして出すべきごみを可燃ごみとして出した際に貼る、黄色のシール（布団が多い）。

②可燃ごみの収集日にもかかわらず不燃ごみを出した際に貼る、青色のシール。

③事業用ごみにもかかわらず「有料シール」が貼付されていない際に貼る、赤色のシール[2]。

ごみ袋が濡れているために貼付できない雨の日以外は、注意を促すためにこれらを貼る。

収集作業に慣れると、集積所でごみ袋をつかんだときに、不適切か否かが感覚的に分かる。とくに、不燃ごみは重い場合が多いので、持つとすぐに認識できる。また、近年増えてきた自宅を事務所にするSOHO（Small Office, Home Office）では、シュレッダーごみや紙類の排出が多いために、ごみ袋が重い。これらも、手に取れば事業用ごみであるとすぐに分かる。そこで有料シールが貼付されているかを確認し、貼られていなければ赤色のシールを貼付し、収集せずに、集積所に残しておく。排出者に注意を呼びかけるためである。急いで収集している際も、ルール破りのごみを見かければ瞬時に判断し、シールを貼付して

（1）清掃工場の焼却プラントは、土地の形状や広さにより、異なるメーカーの設備が装備されている。たとえば、池袋に煙突がそびえ立つ豊島清掃工場では敷地面積の制約上、「流動床つき焼却炉」を採用し、「ごみ給塵機」を利用して焼却炉にごみを入れている。ごみ給塵機の中には、「パドル」と呼ばれる、くるくる回りながらごみを押し出す装置がある。このパドルに長いものが絡みつくと、最悪の場合「パドルショックリレー」が起こり、停止してしまう。木の板でも段ボールの束でも、停止することがある。その結果、ごみの吸塵は止まり、すぐに炉の温度が落ち、「焼却炉停止」に陥る。復旧には数日かかる。長いものを収集してしまうと、焼却計画全体に影響が及びかねないのだ。この事例から分かるように、清掃職員は「単にごみを収集して終わり」ではない。清掃工場の仕組みを理解して、「何を収集してはいけないのか」を考えながら収集しなければならない。清掃職員には、高度な判断を現場で行う資質が必要である。同時に、現場で清掃職員がこうした判断をせざるを得なくなる排出者側の意識を変えていかねばならない。しっかり分別しないから、停止につながるのだ。税金の無駄遣いをしているのは、納税者である住民や事業者だ。

（2）廃棄物処理法では、事業者が出す資源やごみは自己処理が原則と定められ、自らが処理できない場合は一般廃棄物処理業者や資源回収車に委託することになっている。一方で、区の収集サービスの一環として、事業者が出す資源やごみを支障のない範囲で回収しており、その際には有料シールを貼らなければならない。実際には、有料シールを貼らずに出す業者が後を絶たない。貼付しない事業者への清掃指導では、「ごみ収集業者を紹介します」と言って、区の収集よりも割高となる民間清掃会社の収集に切り替えを促すこともある。

いく。だが、この判断は難しいことも少なくない。たとえば、可燃ごみの中に不燃ごみが一部入っている場合や資源となる缶が混ざっている場合は、厳密に対応しすぎると集積所にごみが多く残り、街にごみがあふれかねない。かといって、安易に収集すれば焼却プラントに影響が生じるかもしれない。このさじ加減が非常に難しい。その場で破袋して不適切なごみのみ残すという選択肢もある[3]。これらは、積み重ねた経験をもとに判断するしかない[4]。

一方、収集中に住民から出し方に関するルールを尋ねられるときもある。たとえば筆者は、「発泡スチロールは燃えるごみで出せるのか」と聞かれた。この質問への回答は、「洗っていれば資源、洗っていなければ可燃ごみ」が正しい。

住民から出し方に関する質問があれば、「可燃」「不燃」「資源」を直ちに判断して回答できるように、常に頭の中にイメージしておく必要がある。収集で経験を積むにつれ、身体で自然に覚えていき、瞬時に答えられるようになる。そのためには、ふだんから分別に関する専門知識を整理して理解しておかなければならない。住民の質問に対して瞬時に適切に返答することが、行政への信頼につながる。清掃職員は大役を担っている。

作業員と運転手の連携の上に成り立つ収集業務

収集作業は基本的に、清掃車にごみを積み込む作業である。そこには作業員と運転手というアクターが存在し、相互の連携によって作業が進む。ただし、近年のように委託化が進んで雇(よう)

上の割合が高くなると、いわば「よそ者」が運転手となるため、絶妙な連携にはなかなか至らない。

筆者が乗務した小型プレス車（直営）の運転手と作業員は同期入社で、コミュニケーションがよく、収集・運搬業務を効率的に進めるための現場レベルでの打ち合わせが頻繁に行われていた。たとえば、運転手が「清掃工場にスムーズに搬入するには、収集予定箇所を途中で打ち切り、手前で道を曲がったほうがよい。遅番の運転手に伝えるので変更できないか」と作業員に打診。作業員はその影響を検討し、問題がないと判断すれば作業計画を見直し、業務執行の最適化を目指した。

委託した清掃会社のスタッフとこうした現場レベルでの打ち合わせを行うためには、非常に手間のかかる手続きを要する。おそらく前日までに委託先に伝えて調整が必要となり、些細な見直しでも調整コストが多くかかるであろう。

収集業務は作業員と運転手の密接な連携の上に成り立ち、相乗効果によって質が向上してい

---

(3) 収集業務を委託すれば、マニュアルどおりに対応し、不適切なごみは収集しないことになろう。その結果、「回収し忘れ」というクレームが清掃事務所やセンターに寄せられ、「委託業者が回収し忘れた」という形で伝わっていく負のスパイラルに陥ることが予測される。

(4) 運用上は、一割ぐらい違うごみが入っていても積むようにしている。

く。委託化を進めていけば、こうしたコミュニケーションの喪失が懸念される。運転手と作業員がお互いのことを考えていれば、たとえば真夏に、収集作業から戻ってくる作業員のために運転手はクーラーを強めにかけて、少しでも快適な状況をつくる。作業員は運転手のために、十分な休憩時間が取れるように融通を利かす。お互いがお互いを思いやりながら、相互の連携のもとで業務が遂行され、清掃行政の適正化が図られていく。

収集業務の妨害者と協力者

大通りに面した集積所に到着したとき何度か、その前でトラックが積み下ろしをしていたり、違法駐車をしていたりした。申し訳なさそうにすぐに車両を移動させる者もいるが、故意に収集車に気づかぬふりをし、いっこうに移動しない者もいる。その際も、清掃車の運転手はクラクションを鳴らさない。できるだけ集積所に近い場所を見つけて停車する。

作業員は集積所に積まれたごみを清掃車が停まっている場所まで持ち運ばざるを得なくなり、余計な労力を費やす。だが、作業員は表情に出さずにその状況を受け入れ、黙々と収集する。清掃職員の心の広さを感じるところであるが、このようにルールを守らない者に対しては、現場で一定の注意を与えることを許可すべきではないだろうか。

一方で協力者も存在する。マンションから出される多量のごみ袋の中には、独身者のものと分かる非常に小さなごみ袋も多い。コンビニのレジ袋程度のものも見られる。こうした小さなごみ袋が複数あると、拾い上げるのに手間がかかり、収集作業に時間を要する。気が利く管理人さんは、作業員が収集しやすいように、小さなごみ袋を四五ℓ入りの大きな袋に入れ直してくれる。些細な行為ではあるが、収集側からすると非常に助かる。

清掃行政は、清掃職員のみが行うわけではない。多くの人びとの小さな協力の積み重ねによって、よりよい形が築き上げられていく。一人でも多くの住民がそのことに気づき、当事者意識をもって清掃行政に協力（参加）していくように期待したい。

年末年始のごみ事情

収集するには絶好の気候の秋が終わりに近づくと、あっという間に年末年始の修羅場が到来する。一二月二四日から一月一〇日までが、年末年始の対策期間だ。清掃職員は基本的に、この間は休みを取得できない。アルバイトも雇いながら、総力をあげて収集する。

この期間はいつも以上に大量のごみが出されるため、プレス車の回転盤が回らなくなるぐらい積み込まざるを得ない。可燃ごみが残ると臭いが漂うから、衛生的な環境を提供するうえで好ましくない。積めるかぎり積み込む。小型プレス車の回転盤を操作し、逆回転させたり、脇に入れたり、袋をばらしたりして積んでいく。だから、年末は過積載となる。

清掃職員は新年を迎えるにあたり、「きれいな街で、住民に新しい年を迎えてほしい」という心構えで収集業務に臨む。可燃ごみであれ不燃ごみであれ、全部をいったん収集して、年を越すように心掛けている。ごみのない環境で新年を迎えられるのは、このような清掃職員の配慮があるからだ。

年始のごみ収集は一月四日から始まる。三が日のごみがいっせいに出され、どの集積所もごみの山と化す。それらを収集するため、応援の収集車(特別対策車)が手配され、できるだけ多くのアルバイトを雇う。一年中で一番忙しい時期で、現場はまさに「戦場」となる。

筆者は五日から収集作業に加わったが、センターに向かうために四谷三丁目駅の階段を上がって、新宿通りに面した目の前の集積所に散乱するごみ(本章中扉参照)を見たとき、正月明けの収集の過酷さを実感した。この日が一月最初の可燃ごみの収集日だったから、一二月三〇日の最終収集から六日間分が山積している。午前七時前なので、昨晩に出されたごみだろう。

防鳥ネットが掛けられておらず、カラスや猫が荒らしたと推察される。シュレッダー後の残骸や梱包材が見えるから、多くは事業系ごみである。有料シールは貼付されていない。どこからか運び込まれたごみの可能性も高い。正月早々、人びとの無責任さに怒りを覚えるとともに、残念でならなかった。

どの集積所も、正月明けはごみであふれかえっている。積んでいたごみ袋が倒れても、誰も直そうとはしない。鳥獣に荒らされても、放置されたままだ。人間の身勝手さも加わり、年始の清掃作業は過酷となる。

ごみが積みきれない

正月明けは、どの集積所も総動員体制で収集する。筆者は軽小型車で、狭小路地の収集を体験した（2章3参照）。どこも容量いっぱいに詰められ、大きなごみの山となっている。おおむね一週間ぶりの収集だから、その間のごみがまとまって出される。単身者のものと思われる小さな袋も、複数あった。長く停めていると通行の邪魔になるため、なるべく早く積み込む。重さよりも、個数に苦しんだ。通行人に迷惑をかけてしまったときもある。

しかも、一つの集積所のごみを軽小型車の荷台に積みきれない。収集したごみを降ろしに東センターへ向かい、戻って続きの作業を行うことを繰り返した。当然ながら作業は長引き、気がつけば休憩時間直前となっていたほどだ。一集積所のごみを軽小型車に積みきれなかったのは初めてで、正月明けに出されるごみの量の多さを改めて認識した。

業務委託しているコースでは、収集車にごみを積みきれなかったという。委託を導入する際、「なるべく多く収集してもらう」という方針で運用するため、ふだんから作業量が多い。そこに年始の多量のごみが重なり、積みきれなかったのだ。収集班の班長に状況が報告され、どのように配分して収集するかを決める。このときは、受託者が作業できない分を委託者側がフォローするという現象が生じていた。職員が、委託した清掃会社のフォローにまわるのである。

委託された作業員にすれば、清掃会社から言われた職場で労力を提供しているだけで、作業がパンクするのは十分なリソースを提供しない清掃会社側の責任と思っているであろう。本来、業務が完了するように全量収集できる台数を出すか、清掃工場への搬入を一往復追加するかで、対応していくべきである。班長に申し訳なさそうに報告する清掃会社の作業員は、心の中では割り切れないにちがいない。なお、直営・委託論争におけるコスト比較においては、このようなコストも盛り込む必要がある。

繁忙期の収集作業の問題点

年末年始の特別対策車は、ふだんは休車となっている清掃会社の保有車を活用する。そのため、一昔前の清掃車が送り込まれてくる。この時期は、清掃車がフル稼働している。東センターの作業計画では、特別対策車一五台の配車を要望するが、その確保は難しい。また、小型プレス車を依頼しても、小型特殊車になることもある。希望する清掃車が配車できなければ、予定どおりに収集作業が終わらない状況も生じる。清掃工場にごみを全量持ち込めない可能性もある。

特別対策車の運転手は、基本的に受託した清掃会社が手配する。ただし、臨時で集められるケースが多く、ミキサー車やダンプカーなどの運転手が清掃車に乗務することになる。それゆえ、特殊車両の運転技術はもっていても、清掃車には不慣れである。清掃業務についても理解が浅く、要領を得ていない。清掃に関する素人が清掃車を運転していると言っても、過言ではない。当然、作業員と運転手の連携には至らない。

だから、現場では信じられないようなトラブルが生じる。たとえば、「ごみを搬入する清掃工場がどこにあるか知らない」「どの道を進めばよいか分からない」「清掃工場に向かうための高速道路通行券を忘れた」「遅番との待ち合わせ場所が分からない」などと言う運転手もいる。こうした言葉に作業員は唖然とする。

実際、作業員が早番の収集を終えて遅番の清掃車に乗り換える際に、車が待ち合わせ場所に来ないことが何回もあった。正月明けの膨大な量のごみを前に目を吊り上げて収集しているときに、こんな事態になれば、怒りが爆発してもおかしくない。

こうした場合、遅番の清掃車が到着するまで寒空の下で待つしかない。収集作業で汗が出た状態で、防寒着もなしに待ち続ける状況は、作業員に風邪を引けといわんばかりの仕打ちとなる。待ち合わせ場所が分からず、収集現場から遠く離れた東センターで落ち合うこともあった。その分作業時間が延び、休憩時間に食い込む。

結局、全戦力を投入して収集業務にあたらなければならない年始に、委託した清掃会社のスタッフが足を引っ張ることになる。それでも、清掃職員は寛大に振る舞い、対応して、収集を終わらせていく。繰り返しとなるが、こうしたコストも直営・委託論争の際に考慮すべきであろう。

3 軽小型車での機動的収集

軽小型車はオールラウンドプレーヤー

新宿区には小型プレス車や小型特殊車の車幅では通行できない狭小路地が多い。両車が通行可能な道路まで集積所のごみを運び出せばよいのかもしれないが、それにはかなりの労力がともない、非現実的である。その対策として考え出されたのが軽小型車である。軽自動車をベースにした車両で、機動力を活かして収集業務を行う。

新宿東センターには六台配備され、一台を予備車として五台態勢で運用している。すべて直営で、運転手と作業員がペアになって収集する。可燃ごみに三台、訪問収集(七一〜七四ページ参照)に一台、不燃ごみに一台、割り当てられている。それぞれ決められた収集ルートで収集し、ローテーションでまわっていく。(5)

軽小型車は、狭小路地の可燃ごみや不燃ごみの収集はもちろん、臨時ごみ(6)への対応、機動性を活かした新宿二丁目や回収し忘れへの対応、クレーム処理と、あらゆる収集業務を担う。「オールラウンドプレーヤー」的に、小回りを利かせて幅広く対応する存在である。難しい問題にも直面するため、収集業務で蓄積してきた幅広い経験が不可欠であり、比較的ベテランが乗車

機動力を発揮して収集にあたる軽小型車

している。

さまざまな配慮が必要

軽小型車での収集作業は小型プレス車と異なり、住民との距離が近い。比較的大きな通りに面した集積所を担当する小型プレス車は、住民とふれあう機会は少なく、多くのごみを機械的に積み込む感がある。一方、狭小路地では集積所を確保できず、家の前を集積所として設定しているところが多いため、コミュニケーションをとった収集作業となる。

収集時に住民と会えば「おはようございます」とあいさつされたり、「いつもご苦労様」と声をかけられたりする

---

(5) 筆者が同乗させていただいたときは、予備車を配車して収集作業に加わり、各軽小型車のルートから仕事をもらう形で収集した。

(6) 引越し、片付け、庭木の刈り込みなどのために一度に大量のごみを出す場合は、臨時ごみとして有料となる。四五ℓの袋を四つ以上出す場合は、あらかじめ清掃事務所や清掃センターに連絡する決まりになっている。

狭小路地できれいにごみ袋を積んだ軽小型車

ことである。これらは収集業務のやりがいを感じる瞬間であり、清掃職員のモチベーションの向上につながる。

狭小路地では通行人の通行を制約するから、かなりのスピードで収集し、迷惑をかけないように配慮しなければならない。どの集積所でも、可能なかぎり早く積み込み、次の集積所へと急ぐ。ときには通行人が軽小型車の横を通り過ぎるので、積み込む際には通行人がいないかどうか確認し、ごみからの汁が飛ばないように細心の注意を払う。

また、プレス車のようにごみを押し込むのではなく、そのまま積み込むから、きれいに多くを積んでいかなければ何度も現場とセンターの往復を強いられる。積み込む際には、大きいごみを端に、小さいごみは中央に置くように心掛ける。それは、運搬中のごみの落下防止にもつながる。

さらに、できるだけ多く積み込むための工夫がある。それは、通常の軽トラックとは異なり、伸縮自在の自転車のチューブが荷台に架けられていることだ。これは、柔軟に横からごみを積み込むためである。荷台がほぼいっぱいになっても、小さな袋なら横からチューブを引っ掛けて積み込めるから、非常に使い勝手がよい。

東センターの一角にある可燃ごみの仮置場

収集されたごみの流れ

軽小型車で収集されたごみの流れは、小型プレス車や小型特殊車とは異なる。

狭小路地に面した集積所のごみ袋を可能なかぎり積み込むと、東センターに持ち帰る。そして、駐車スペースの一角に設けられた可燃ごみの仮置場に収集してきたごみ袋を降ろし、積み上げていく。降ろし終わると、再び現場へ向かう。担当区域のごみの収集が終わるまで、この作業を繰り返す。概ね午前中で終わるが、ときには午後まで続くこともある。

午後からは、仮置きしたごみを清掃工場に搬入するための積み込み作業だ。軽小班の清掃職員はもちろん、手の空いた清掃職員や清掃会社の作業員も加わり、総出で行う。

このように軽小型車で収集されたごみは、いったん東センターを経由して清掃工場に運ばれ

共同作業で仮置きしたごみを積み込む

る。その際の積み込み作業は、誰に命令されるわけでもなく、清掃職員が自発的に手伝う。まさにチームワークと団結力が機能している証である。一致団結して作業に取り掛かると、不思議なぐらい早く片付く。この団結力があれば、困難な業務も克服できると痛感した。清掃職員の底力を見せつけられた場面であった。

危険と背中合わせの作業

軽小型車の作業は、小型プレス車より積み込むごみ袋の量は少なく、腰への負担はそれほどかからない。しかし、小型プレス車が機械でタンクの中に押し込むのに対して、軽小型車では自らの手でごみ袋を荷台の奥に押し込んでいかなければならない。この作業には常に危険が伴う。

小型プレス車ではごみ袋の先端を持って投入口に投げ入れればよいから、中に入っている先鋭なごみが刺さる危険性は低い。一方、軽小型車では、ごみ袋の横に手を当てて奥に押し込んだり、荷台に張られたチューブの間からごみを押し入むこともある。ごみ袋全体を触って作業するので、自ずと先鋭なごみで手を切る確率が高い。東センターに持ち帰ったごみ袋を降ろすときも同様で、ごみ袋の横を触ったり握ったりして、引っ張り出すことがある。いつケガするか分からない。

貸与された手袋をはめているとはいえ、鋭利なごみに触れると切り傷が生じる。注射針が入っている可能性もあり、もし刺されれば血液関係の病気に感染するかもしれない。破傷風の予防接種をしているものの、注射針が刺されればどんな菌が体内に入るか分からない。重さという点ではラクに見えるかもしれないが、実際には危険と背中合わせで作業している。

職人的な運転技術と地理感、運転手と作業員のコンビネーション

狭小路地の収集作業では、狭い道を通行する運転テクニックや地理感が求められる。一見曲がれそうにない交差点でも、壁のすれすれを通行する。助手席で見ていると、ギリギリで曲がることが何度もあり、筆者であれば車を傷だらけにするのではないかと感じた。

狭い道で事故を起こさずスムーズに運転するテクニックには、目を見張らされる。前方から来た車のためにバックする技術も、職人的と思えた。また、道に慣れておかねばならないから、清掃会社に任せることは難しいだろう。

収集にあたっては、所管する地区のすべての道と集積所を記憶する必要がある。物陰に隠れて見えにくい集積所も少なくない。よく記憶しておかないと、小走りで収集している際に、壁

や停車中の車の向こう側の集積所を見落としやすい。そうなれば後で清掃センターに「取り残し」のクレームが寄せられ、行政の信頼性にも影響を及ぼしかねない。したがって、集積所の場所を頭に叩き込んでおかねばならない。担当する収集地区や収集コースは変わるから、集積所の記憶は大変な作業となる。

また、連絡なしに行われる工事で通行止めになる場合もあり、周辺の道をしっかり覚えておかなければ、集積所にたどり着けないときもある。軽小型車での収集は積み重ねてきた経験と技術が大きく問われ、慣れない素人には決して真似ができない。

さらに、歩行者への配慮も欠かせない。近年は狭小路地の真ん中をスマートフォンを操作しながら歩き、軽小型車が近づいてもまったく気づかない人が多い。そうした通行人に対してもクラクションは絶対に鳴らさず、通り過ぎるのを待つ。通行人の安全に最大限配慮するのだ。これが良いかどうかは判断に苦しむが、それほどまでに通行人へ気を配っている。

運転技術について加えて述べておくと、軽小型車に積んだごみ袋がたまに走行中に路上に落ちることがある。そのため、運転手は微妙にジグザグ走行し、ごみを落としていないかサイドミラーで確認している。前方を見て運転するのは当然だが、後方もケアしながらの運転を心掛けているのである。

運転技術という個人的な資質に加えて、軽小型車での収集で重要なのが、運転手と作業員のコンビネーションである。収集作業は相互に補完しあいながら進められていく。

集積所に着くと、運転手は車から降りて作業員の収集を手伝う[7]が、場所によっては車をゆっくりと進めながら、作業員が順次ごみを収集していく。収集し終わると、作業員が「オーライ」と声をかける。運転手は次の集積所に車を進め、作業員が作業しやすい場所に停める。狭小路地をバックするときは、作業員が「オーライ」と声を出し、通行人の安全を確保しながら誘導する。絶妙なコンビネーションが作業を進めるうえで不可欠となる。それによって、収集業務の質がとりわけ左右される。清掃会社に派遣される日雇いの運転手と作業員には、かなり難しいであろう。

高齢や障がいがある単身者などへの訪問収集

新宿区では、集積所までごみを出すことが困難で、身近な人などの協力が得られない六五歳以上の要介護者や障がい者のみの世帯、親族や知人からの定期的な連絡や訪問がない八五歳以上の単身世帯を対象に、自宅まで訪問してごみを収集するサービスを行っている。これを「訪問収集」と呼び、軽小班が担う。

(7) この点については職種上、手伝わなくてもよいことになっており、車から降りてこない運転手もいる。しかし、「仲間」である作業員一人のみに積み込ませるのは、チームワークでやりとげていく仕事の性質上、いかがなものかと思える。

訪問収集は、地域福祉課に所属するケアマネージャーから依頼される。軽小班では管理簿を用意し、ごみが出されていれば○、出されていなければ×を記入する。×が三回続くと技能長に報告し、技能長が地域福祉課に「ごみが出ていないので連絡を取ってください」と連絡する。そして、連絡を受けた地域福祉課やケアマネージャーが安否確認を行う。ときには、依頼者が連絡なしに施設に入所したり入院したりする。そうした詳細を近隣住民から教えられ、訪問収集を止めるケースもある。

訪問収集は基本的に週二回行う。可燃、不燃、資源を問わず、扉の前に出されていれば収集する。週一回でよいという世帯もあり、柔軟に対応しているという。訪問収集先は約一〇〇世帯で、平均すると一日三〇世帯を訪問している。訪問先は点在しているため、効率的なルートを検討しなければならない。その際には新宿区のあらゆる道がイメージできなければ組み立てられず、熟知しておくスキルが求められる。

軽小型車で訪問先に到着後、作業員が収集に向かい、運転手は車内で待機する。収集者は自ずと小走りで向かう。概して単身の低所得者層で、狭小路地にある一昔前の造りをしたマンションやアパートだ。エレベーターがなく、高齢者には上り下りが大変と思われる急な階段しかない物件も多い。急な階段を駆け上がり、なるべく早く収集して戻るように心掛けている。もっとも、ごみが出されておらず、空振りすることもたびたびある。

訪問収集では、扉の前に出されたごみ袋を収集するルールとなっている。呼び鈴は鳴らさない。お年寄りや認知症の方はいくら押しても出てこないときがあるし、呼び鈴を鳴らしてからごみ出し作業を始められても、軽小型車を待たせている関係で対応できないからである。また、部屋の中にも入らない。偽の清掃の服を着た悪意ある者が室内に入り、犯罪を犯す危険性を防ぐためである。あくまで、訪問時に出されているごみ袋を収集する。

福祉サービスとしての訪問収集

扉の前に出されたごみ袋を持つと、依頼主の生活ぶりが推測できてしまう。仕出し弁当やコンビニ弁当のごみを見れば、何を食べているかはすぐ分かる。訪問収集はプライバシーに関わる部分がきわめて多いので、業務委託にはなじまない。行政職員が対応するべき業務である。収集の際に依頼主に会えば、あいさつする。顔を見れば、体調が分かる。顔色が悪いというような情報が地域福祉課に伝わるとよいが、まだそこまでは体制が整っていない。リアルタイムで介護者の状況を把握するには、清掃職員の訪問収集が有力な手段となる。訪問収集は、安否確認という福祉サービスでもあり、高齢化が急速に進む今後、ニーズが増えていくであろう。委託になじまない訪問収集の実施体制をどう構築し、そこで得られた情報をどのように福祉部門と共有していくかは、大きな課題である。同時に、大きな可能性も秘めている。

ただし、訪問収集は個別事情に対応するがゆえに、小さなトラブルが多発する。ほとんどは住民との意思疎通に関するものである。二つ紹介しておこう。

ひとつは、扉の前に出していたごみを隣人（町会の会長）が集積所まで善意で持っていってい たが、依頼者は清掃職員が持っていっていると思い込んでいたケースである。清掃職員は、依頼されたにもかかわらずごみがいつも出されていないので、不思議に思っていたそうだ。ある日、いつも収集されているごみが残っていたので、依頼者は「収集に来ていない」というクレームを清掃センターに寄せた。清掃センターが不思議に思い調査したところ、町会会長がたまたま都合がつかず、集積所に持っていっていなかったことが判明したという。このように、住民の善意がときには裏目に出て、クレームがくることもある。

もうひとつは、居住者の事情で特別に室内に入ってごみを収集していたケースである。その際は呼び鈴を鳴らすが、鳴らしても返事がなかった。そこで、しばらく経ってから再び鳴らすことを数回繰り返したところ、「何度も鳴らすな」と激高して叩かれ、清掃センターにクレームが寄せられたこともある。

こうしたときも、清掃職員は住民の前では笑顔で柔軟に受けとめる。いずれにせよ、訪問収集はごみの収集のみならず、さまざまな面で高齢者への福祉サービスとなっている。

ボランティアごみへの対応

新宿区では、ボランティアやコミュニティ活動で生じたごみの収集も行っている。とくに九月中旬は神社のお祭りの時期で、関連して近隣町会でもお祭りを行うため、多量のごみが発生する。通常の収集業務の枠内では、予定していた集積所のごみを積みきれず、収集計画に影響が生じる可能性がある。そのため、ボランティアごみは別枠として、軽小型車で収集する。

ボランティアごみを出す際は、事前に清掃事務所や清掃センターに連絡し、いつ、どこに、どれぐらいの数を出すのか申請する。そして、それに見合った「ボランティアごみ券」を無償で発行する。活動後に生じたごみ袋に券を貼付して所定の集積所に出せば、決められた時間に軽小班が収集していくという流れだ。可燃ごみ、不燃ごみ、資源が同時に出されることが多いので、いったん清掃センターに持ち帰り、清掃職員が分別する。ここでも、さらなる手間が生じる。

また、申請された数や出す時間をもとに作業計画を立てて収集へ向かうが、予定の時間どおりに出されることは少ない。午前中と申請したが、片付けが終わらず半分は午後から出され、収集計画どおりには進まない場合が多い。午後に改めて行っても、まだ片付けている場合もある。それでも、柔軟に収集するように対応している。

あるとき指定された集積所に到着すると、通常の可燃ごみと一緒に、多量のボランティアごみと思われる袋が出されていた。申請時に配付したシールは貼付されておらず、どれがボランティアごみであるのか区別がつけにくい。よく見ると祭りの飲食で出たごみと分かる袋もあるが、紛らわしい袋も多く、見分けるには破袋しなければならない。シールが貼付されていないごみ袋を通常の可燃ごみとして収集して積みきれなくなれば、全体の収集作業に影響が及ぶ。

そうした事情を知らずに、ごみを出す住民もいる。清掃職員が現場でうまく対応しているがゆえ、問題が浮き彫りにはならない。しかし、これが適正な状態と言えるだろうか。

町会によって、ごみの出し方はさまざまだ。びん、缶、ダンボールといった資源をきちんと分別している町会もあれば、可燃ごみも含めて一緒に出す町会もある。後者の場合も連絡はせずに収集し、破袋して資源を抜き取っている。なかには多くの焼き鳥の串が入っている袋があり、積み込む際に袋を押し込めば、手に刺さりかねない。

また、ボランティアごみを取りにいく際によく見かけるのが、便乗して出された個人の粗大ごみである。ひどいときには、冷蔵庫が出されていたことさえあったという。いつまでも祭り気分でいられても、清掃行政は受けとめられない。

指定した時間に取りに行き、そのとき出されていなければ収集しないという選択肢もあると思われるが、住民サービス向上のため柔軟に対応している。だが、再配達可能な宅配便のように、何回も順延している町会もある。宅配便サービスのあり方が見直されている現在、住民側の都合で予告せずに変更される際は、対応を制限してもよいと思われる。ともあれ、どういう状況になろうとも住民に対して笑顔で接する軽小班の清掃職員には、頭が下がる。

動物死体の引き取り

新宿区では、犬や猫などの動物(ペット)の死体を有料(三〇〇〇円)で引き取っている。公道にある動物死体は道路管理者である行政が処理し、自宅敷地、私道、空地の場合は、土地の所有者や管理者の責任で処理する規則だ。こうした動物死体の引き取りも、軽小班の担当だ。

引き取った動物死体は東センターに持ち帰り、黒の厚手のビニール袋に入れて一階の冷凍保管庫に入れ、業者に週一回引き渡して、処理を依頼する。まとめて火葬するため、「ペットの骨を引き取りたい」という要望には添うことができず、希望者には専門業者を紹介する。五万円程度かかるが、煙を出さずに火葬し、骨壷に入れて返却され、戒名までつけられる。

動物死体の引き取りには、いろいろなエピソードがあるという。大切にしている飼い主は、タオルに包んで箱に入れ、花を添える。一方、死んだ犬や猫をそのままビニール袋に入れて渡されたり、タオルに巻いただけで渡されたりする場合もある。引き取る際は、ごみ収集時に着用する手袋をしていては配慮に欠けるので、素手で行う。しかし、タオルに包まれた死体を素手で受け取るのは、気持ちよいものではない。

愛するペットとの別れが惜しく、なかなか渡してもらえないときもある。「後日また来ます」と気を遣って言うと、ようやく「持っていってください」と言われるそうだ。要請があったので収集に行き、つかんだら鳴き声がしたこともあったという。飼い主から頼まれた人が対応を誤ったそうだが、そのまま処理していたら、東センターの冷凍庫で凍死していたところだ。

あるとき、近年建てられたタワー型の豪華賃貸マンションに向かった。依頼人の部屋に到着すると、飼い主はショックで泣いており、マンションの下まで見送るという。丈夫な箱の中に入れられ、花と生前の好物が添えられていた。飼い主は軽小型車まで同行し、荷台に載せて、その場を後にした。

こうした場合の対応は非常に難しい。どのような言葉をかけてよいのか分からない。場違いな言葉を発すると、感情を逆撫ですることもありえる。筆者は何も言えず、無言を貫くしかなかった。対応を誤ると、区のイメージにも関わる。接遇の研修やマニュアルを用意して練習しておかなければ、十分な対応ができないと思われる。

軽小型車の稼働時間と本当の効率

軽小型車の稼働率をめぐり、組織内の理解が進んでいないようだ。管理者側は、「軽小型車の稼働時間が短い」と考えているという。

軽小型車の特徴は機動力である。狭小路地の収集という物理的な面だけでなく、多様なケースに小回りを利かせて対応できるソフト面が最も優れている。ただし、日常的な収集現場をかかえているから、それでスケジュールが埋まれば、突発的な問題に対応できない。現場では不測の事態がいつ生じるか分からない。ある程度バッファゾーン（緩衝地帯）を用意した、機動的な稼働体制の整備が欠かせない。極端に言えば、待つことが仕事である。

管理職側からすれば、稼働率を上げて少ない人数で多くの仕事をこなす体制の構築がマネジメント業務だから、「いかに働かせるか」が作業員へ向き合う姿勢となろう。しかし、軽小型車の機動力がいつ必要になるかは予測できない。不測の事態にすぐに対応できなければ、より深刻な状況を招きかねない。むしろ、そうならない体制をいかに構築できるかが、マネジメント力として問われるであろう。

不測の事態への対応が遅れて困るのは、住民である。仮にこの点を住民側が受け入れる合意が形成されるのであれば、軽小型車の稼働率を上げるように収集業務を組み立てていけばよいであろう。

4　不燃ごみの収集と破袋選別

なぜ破袋選別が必要なのか

近年、清掃車が火災を起こすトラブルが全国的に発生している。主な原因は、中身が残ったスプレー缶、ライター、カセットボンベなどのタンク内での爆発だ。これらが可燃ごみに混入していると、小型プレス車に積む際に圧縮されて爆発し、可燃ごみに引火する。運転手や作業員は命の危険にさらされ、一台八〇〇万～九〇〇万円の清掃車が廃車となり、道路の通行にも支障が生じる。清掃車の火災を防ぐには、排出者がスプレー缶、ライター、カセットボンベなどを分別し、決められた日に決められた形で集積所に出す必要がある。

新宿区では、スプレー缶とカセットボンベは「資源」として扱い、週一回の資源収集の日に出すように決められている。ところが、区民は「金属・陶器・ガラスごみ」と思っているためか、不燃ごみ収集の際に同じ袋に入れて出しがちである（びん、缶、ペットボトルも、不燃ごみと一緒によく出される）。それゆえ、不燃ごみから火災の原因となるスプレー缶、ライター、カセットボンベなどを抜き取る作業が生じる。

東センターでは、この作業には二人しか割り当てられていない。そこで、ふれあい指導班や機動班の職員を臨時にまわしたり、持ち場が終了した作業員が協力したりして、抜き取り作業を手伝う体制を整えている。

中継センターの役割

一九七〇年代に杉並清掃工場建設をめぐって、いわゆる「ごみ戦争」が起きた後は、清掃工場の整備が二三区内で進み、可燃ごみの中間処理は各区に分散されていく。だが、不燃ごみや粗大ごみについては、処理施設が臨海部にしか存在せず、運搬コストや交通渋滞が問題となって、中継施設が整備された。

一九九七年に新宿中継所（二〇一五年からは「新宿中継・資源センター」に改称）が完成。二三区西部から運び込まれる不燃ごみを大型コンテナに積み替え、中央防波堤にある不燃ごみ処理センターに輸送している。

新宿中継センターには、新宿区をはじめ、渋谷区、杉並区、豊島区、中野区、練馬区で出された不燃ごみが運び込まれる。ここで、清掃車約九台分の不燃ごみを一つのコンテナ（約一〇トン）に積み替え、大型のアームロール車に載せて輸送する。この積み替えによって、個々の清掃車が不燃ごみ処理センターに向かう交通量を減らし、往復五二キロに及ぶ運搬で生じるCO_2も削減し、地球温暖化防止の一助となっている。なお、新宿中継センターは東京都が清掃事業を所管していた時期に整備され、区移管後は新宿区が運営してきた。

現在、二三区内には四カ所の中継センターが稼働している。中継センターから運び込まれる不燃ごみは、破砕機にかけてハンマーで叩き、細かく砕いて容積を小さくする。そして、磁選機やアルミ選別機などにかけて機械的に鉄やアルミといった資源を抜き取り、リサイクルするとともに、残りの不燃物を埋め立てる。限りある資源を有効利用するために、不燃ごみ処理センターの役割は非常に大きい。

不燃ごみの収集

新宿区では、不燃ごみを「金属・陶器・ガラスごみ」と呼び（図３）、一カ月に二回（隔週）収集している。地区ごとに第一・第三月曜、第二・第四木曜といった形で収集日が決められ、可燃ごみと同様に、午前八時までに集積所に出す。小型家電製品、陶器、ガラス、傘、刃物、電球、ライターなどが不燃ごみである。作業員がケガしないように、ふた付きの容器や中身の見

図３　新宿区における不燃ごみの出し方

金属・陶器・ガラスごみ　月2回の金属・陶器・ガラスごみの収集日に資源・ごみ集積所にお出しください。

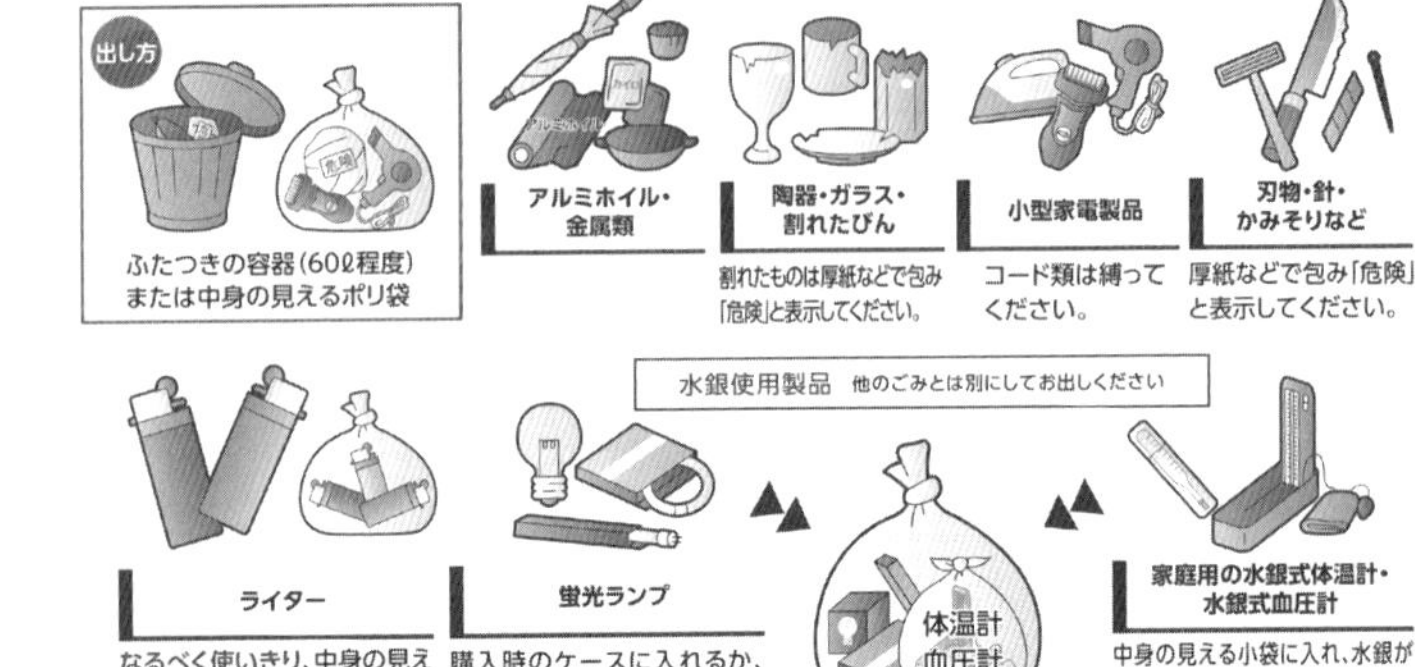

（出典）新宿清掃事務所「資源・ごみの正しい分け方・出し方」2018年、8ページ。

えるポリ袋に入れて出す決まりで、ライター、水銀式の体温計や血圧計は別の袋に入れる。

東センターにおける不燃ごみの収集は、三台の軽小型ダンプ車（通称「軽ダン」）の雇上車に作業員が一人ずつ乗り込み、狭小路地対策の軽小型車が一台応援で加わる体制で行われている。出された不燃ごみを荷台に積み込み、いったん東センターに持ち帰る。

筆者は応援の軽小型車で、不燃ごみの収集を何度も体験した。不燃ごみは可燃ごみに比べて重く、持ち上げるのに苦労する。鋭利なごみが入っている可能性が高く、触ると手が切れることもある。また、収集時に積みきれなくなると荷台に押し込んでいく必要がある。ゆっくり作業すればケガはある程度回避されるかもしれないが、それでは通行人に迷惑がかかる。危険を承知で、迅速に作業するしかない。不燃ごみの収集はいつケガをするか分からない危険と背中合わせで行われているという厳しい現実を実感した。

　不燃ごみの収集をしていてすぐに気づいたのは、きちんと分別されていないことである。びん、缶、ペットボトルという資源も一緒に入っている袋が多かった。その場で破袋して不燃ごみのみを持ち帰ることもできなくはないが、狭小路地では無理だ。そのまま持ち帰って、破袋

軽ダンで東センターに運び込まれた不燃ごみ

選別するしかない。

　さらには、ごみ袋の中にはまだ使用できるものも少なくない。いらなくなったので捨てるのだろうが、不要品を身近で気軽にリユースできる仕組みづくりが今後の大きな課題になる。いつまで現在のような大量生産・大量消費・大量廃棄の社会を続けるのか。限りある資源を考えると、人間の身勝手さに不安を感じざるを得ない。とはいえ、そう考えていても出されたごみがさばけるわけではない。とにかく、機械的に積み込んだ。

危険が伴う破袋選別作業

　軽ダンや軽小型車で東センターに運び込まれた不燃ごみは、すぐに降ろされ、破袋選別作業を行う。その際、スプレ

ー缶、ライター、カセットボンベ、電池、蛍光灯を抜き取り、びん、缶、ペットボトルがあれば資源にまわす。

筆者も収集作業後に手伝いに入った。なかでも、正月明けには破袋選別の専属として作業に当たり、みっちり経験を積んだ。不燃ごみの収集は月に二回であるし、年度末の大掃除で大量の不燃ごみが発生する。この日は一日中、破袋選別に追われた。

不燃ごみを降ろす際も積み込み時と同様に慎重に作業しないと、鋭利なごみでケガをすることになる。また、かなり重い袋を下に降ろすので、腰を痛める危険性が大きい。

不燃ごみと言っても、びん・缶が目につく。ペットボトルも混ざっている。かなり細かい分別が進んでいる割には、住民の理解が追いついていないようだ。そこには、「袋に入れて出しておけば、後は清掃が何とかしてくれるだろう」という発想が見え隠れする。

もっとも、どんどん運び込まれる不燃ごみを仕分けていくうちに、モラルのない住民への怒りは消え、目の前のごみをいかに効率的にさばくかを考えざるを得なくなっていった。慎重になりすぎると、作業スピードが落ちる。

明らかに不燃ごみと分かる袋は、新宿中継センター行きの不燃ごみの山に置く。それ以外は袋を開け、可燃物がないか確認し、資源を取り出す。開封するとものすごい異臭が漂う袋もあり、過酷な労働環境に一変する。ときには、風俗店から出されたのであろうか、文章に書けないようなものが飛び出し、大きな笑いが起こる。屈(かが)んで作業を続けるうちに、腰に痛みを感じ始めた。やはり、かなりの負担がかかっているらしい。

　正月明けの不燃ごみには、蛍光灯がたくさんあった。後から聞くと、記録的な量だったという。蛍光灯は通常、紙ケースに入れられて出される。リサイクル業者に渡すために、不燃ごみの中から抜き取って紙ケースを剥ぎ取り、運搬用のケースに並べていく。

スピーディーにさばかなければ追いつかない

　筆者は作業効率を上げるために、しばられていた蛍光灯の紐を斜めにずらして解きながら抜き出していたら、蛍光灯自体をひねってしまい、「バン」という音とともに、手元で蛍光灯が破裂した。割れたガラスが散乱し、気づくと手袋に白い粉状のものが付着している。マスクをしていたので、直接それらを吸い込むことはなかったが、身をもって危険と向かい合いながらの破袋選別作業を体験した。

　ただし、可燃ごみや資源を一〇〇％取り出せるわけではない。限られた人数で、大量のごみを完璧に選別するのは不可能である。目視で確認できる範囲でしか、作業精度は高まらないが、限界を感じつつも完璧に近づけることが求められている。

破袋選別で可燃ごみと資源を抜き出した後は、不燃ごみとして新宿中継センター行きの小型プレス車に積み込む。可燃ごみとは違って体積が小さくならないので、かなりの負担がタンク内部、回転盤、押し板にかかっているのではないだろうか。また、不燃ごみが押し込まれていく音は大きく、ときには鼓膜に影響しかねないと感じた。

不燃ごみを新宿中継センター行き小型プレス車に積み込む

新宿中継センターへの破袋選別作業の集約

この時期、不燃ごみの破袋選別作業を新宿中継センターに集約していくことを検討していた。退職者の補充を、業務の効率化によって捻出した人員でまかなうためである。当初は新宿清掃事務所と歌舞伎町清掃センターの破袋選別を移し、軌道に乗れば東センターの作業も移すというプランだ。移設にともなって、職員一名の下にアルバイト作業員を六人雇うという。二〇一七年二月には予行演習を終え、四月から新体制で臨んでいる。

不燃ごみの収集や破袋選別作業を体験した視点から述べると、不慣れなアルバイトが不燃ごみの破袋選別作業を行うと事故やケガが多くなると思えてならない。人員不足ゆえに、正規職員が監督者のみというのは理解できる。しかし、これまでケガがそれほど発生していないのは収集作業に慣れた職員が行っているからである。

危険を伴う仕事を外注するのではなく、公というバックボーンに守られ、安心して業務を遂行できる体制にしていくべきであろう。そうした環境を用意していく懐の深さが公務労働にあってよいはずだ。

5　ごみから見える新宿二丁目

ごみ出しの無法地帯

二〇一五年に就職のために京都から東京に引っ越すまで、筆者は新宿二丁目がどのような街か知らなかった。日本有数のいわゆる「ゲイ」の街として知られるこの地区に足を踏み入れたのは、今回が初めてである。夜の状況は見ていないが、ゲイ関係の飲食店や風俗店をはじめとする事業者から四六時中出されるごみが後を絶たない。

筆者はこの地区を、軽小型車での回収作業とふれあい指導の破袋調査作業を通じて観察してきた。一言で言えば、「ごみ出しに関しては無法地帯」と断言できる。ルールは無視され、次

ごみの山と化した新宿二丁目の集積所の惨状

から次へと路上にごみが出される。付近の回収にまわってるいるうちに次のごみが出され、まさに「いたちごっこ」状態となっている。なぜなら、収集時間の午前中でも深夜から継続して営業している店が多く、ごみが出され続けるからである。

雑居ビルの小さな店にはごみを置いておくスペースがないようで、客が帰るとテーブル上の食器以外をそのままごみ袋に放り込み、出しているらしい。ごみ袋を持つと、食べ残しやタバコの吸殻などの可燃ごみ、酒びんや缶などの資源、割れた陶器類のような不燃ごみが混在しており、直前の様子が容易に想像できる。

東センターでは、路上のごみを軽小型車で回収するとともに、どの店が出したかを特定し、排出抑制へつなげる取り組みも行ってい

約10分前の回収後に不法投棄された応接セット

る。どちらの作業も暖簾に腕押しの様相を呈しているが、清掃職員は「お客さんが多い街をきれいに保つ」という思いで、業務をこなす。

回収しても、すぐにまた出されるごみ

軽小班は持ち場の収集を終えると、時間があるかぎり新宿二丁目へ急ぐ。雑居ビルが立ち並ぶ狭小路地に入り、事業者が出したごみを回収していく。集積所に決められた時間までに出されたごみは「収集」であろうが、新宿二丁目の軽小型車での作業は「回収」と言うべきだ。何しろ、界隈を一周しているうちに次のごみがまた捨てられている。しかも、可燃ごみ、不燃ごみ、資源が混在し、その場では分別できないので、東センターに持ち帰って選別する。

こうした回収は、収集計画外の仕事である。ごみの出し方が悪すぎて、可燃ごみの車で行け

ばよいのか、不燃ごみの車で行けばよいのかわからず、計画を立てようがないからだ。収集日は火曜日と金曜日が可燃ごみ、水曜日が資源、土曜日（隔週）が不燃ごみとなっている。しかし、以前の技能長が「新宿二丁目はルールどおりに収集していられない。常時出されるので、きれいにしておく」と判断し、軽小班が機動的にまわるようになった。

もっとも、新宿区全体を俯瞰すれば、新宿二丁目だけに手厚い行政サービスが提供されているとも言える。曜日を守って出すような指導に舵を切ったほうが良いかもしれない。

ルールを無視して出されるごみを残しておくと、一週間程度で「営業妨害である」という苦情が寄せられる。他地区から持ち込まれて不法投棄されたごみもあるから、苦情を寄せる飲食店の立場も理解できる。また、一週間も残しておけば、集積所はごみ袋であふれかえり、片付けるのに相当な労力を費やす。結局、毎日回収したほうが手間がかからない。

だが、それはいつごみを出しても持っていってもらえることを意味し、抜け出せない負のスパイラルに陥ってしまう。新宿には外国からの観光客が多い。清掃職員は、きれいな街で観光客を迎えたいと考えている。事業者はそれを逆手にとって、やりたい放題の状況にある。

現場での破袋調査

ふれあい指導業務の一環で、新宿二丁目の集積所に出されたごみの破袋調査に同行した。他地区から投棄されているという情報が届き、究明するための調査である。

大通りに面した集積所に到着すると、大きなごみの山ができている。近づくと、飲食店の前にもかかわらず、鼻を突く臭いが漂ってきた。この集積所には、一般家庭から出されるごみはなく、すべて事業系ごみである。ところが、ごみ袋に事業系ごみに貼るべきシールは確認できない。しかも、一見しただけで可燃ごみ、不燃ごみ、資源を混在して投げ捨てていることが分かった。

新宿二丁目の破袋調査は、たびたび行われている。筆者の参与観察に付き添ってくださった東センターの飯山悟氏によれば、同性愛者が集まる風俗店から出されたと思われる、避妊具、下剤、人糞、注射器があったという。目の前に積み上げられているごみ袋の中に何が入っているかは分からない。混入されているかもしれない注射針が刺されれば、命の危険にさらされる可能性もある。ガスが残ったカセットボンベが爆発し、火事に巻き込まれるかもしれない。こうした状況で破袋作業を行い、排出者を特定する手がかりを探す。

放置されたごみ袋をプレス車に積み上げ、破袋してごみを確認していった。まず、不燃ごみと資源を抜き取る。それから袋を開けて、ごみをかき分ける。水分を切っていない生ごみが多いので、汁が飛ぶ。袋を破ると異臭が漂うが、気にしていては作業が進まない。不安を抱きつつ、慎重かつ大胆に作業を進める。ある程度確認できると、プレス車のタンクの中に押し込んでいく。

今回も、実にさまざまなものが出てきた。同性愛者が集まる風俗店からであろうか、飯山氏

何が入っているか分からない袋を開けて、丹念に調べていく

が話したものもあり、昼食が食べられなくなりそうだ。針こそ付いていなかったが、注射器もある。その袋からは付近の病院名が特定され、不正な医療行為が予感された。医療廃棄物として処理しなければならないのに、事業系ごみとして出している。事情をよく聞いて、適切な出し方を指導しなければならない。

破袋調査を参与観察していると、繰り返しになるが、「ごみ出しに関しては無法地帯」としか言いようがない。「とりあえず出しておけば収集してもらえる」と認識されている。抜本的な改革を行わなければ、改善は見込めない。

ごみから分かる情報と考えられる対策

ごみを出す事業者は気づいていないかもしれないが、ごみはプライバシーの宝庫でもあり、多くの情報が得られる。それらの情報を分析していけば、さまざまな事実が浮き彫りになる。

今回の破袋調査で判明した、本来は産業廃棄物にあたる医療廃棄物が出されていたケースでは、正規の処理ルートに乗せられないために一般廃棄物として出したと解釈できる。それは、排出場所付近で医療免許を持たずに医療行為をしている「闇医者」の存在を示唆する。明らかな違法行為であり、余罪も含めた犯罪に迫る端緒になる可能性もある。繁華街で行う破袋調査には、警察官の同行が望ましい。

また、新宿二丁目の惨状を目の当たりにすると、散乱するごみは無責任で自己中心的な人間の具現化でもある。いまの社会に生きる人びとの本心を映しているようにも感じる。新宿二丁目という街のキャンバスに、人間のエゴや醜さが描かれているようだ。ほとんどが事業者であるから、「儲けのためならルールは無視」という状況がまざまざと伝わってくる。

そこからは、「自分の店の中がきれいになればよい」「外に置いておけば収集してくれるだろう」「みんなが投棄しているから自分も投棄してよい」「業者に出すとお金がかかる」「有料シールを購入するにはお金がかかる」といった気持ちが浮き彫りになる。清掃職員はこうした人間の醜さを寛大に受けとめ、それにふたをするがごとく、無言でごみを回収している。

では、この状況をどうすれば改善できるのか。新宿二丁目には、少数ではあるが居住者もいる。その人たちへの「各戸収集」とし、事業所から出るごみはすべて業者収集に変えることだろう。

ただし、居住者の特定が難しい。住民票があるか不明だし、どんな外国人が住んでいるかも分からない。反社会勢力の事務所も存在している。また、ごみ出しの指導をして、逆恨みされるかもしれない。現場レベルでの対応には限界がある。

以前は不動産業を経営する居住者から協力が得られる話が進んでいたが、収集日や収集回数をめぐって調整がつかず、物別れに終わった。その後、彼がボランティア団体と連携し、新宿二丁目仲通り商店街を中心に、月一回、二四時から一時間程度、清掃活動を始めた。継続していくことで周辺の事業者の意識向上を期待する。これに対してどんな支援ができるかを東センターは模索している。

このような動きがあるものの、現状では有効な対策は見出せていない。結局、良心に訴える方向で検討するべきなのかもしれない。

6 さまざまな現場と向き合う

シュレッダーごみをとおして考える

収集していると、シュレッダーごみをよく見かける。大半は個人事業者が有料シールを貼って出しているが、家庭用シュレッダーの普及に伴い、機密処理して出されている家庭ごみもある。

袋いっぱいに詰められたシュレッダーごみをそのまま投入口に投げ入れると、プレスして押し込むときに破裂する場合がある。破裂音とともに、現場には粉砕後の紙屑（チップ）が散乱する。天気が良ければほうきで掃けるものの、雨が降っていると地面にチップが付き、簡単には取りきることができない。風の強い日には散乱したチップが吹雪のように飛散し、すべてを回収できない。筆者は収集中に、業務委託の作業員がシュレッダーごみを飛散させている光景を見たことがある。風が強く、チップは舞い上がっていた。

こうした事態を避けるために、シュレッダーごみを投げ入れる際は手で袋に穴を開けて破裂を防ぐとともに、後ろからごみを一緒に投入して飛散を防止する。収集時のちょっとした気遣いが結果を大きく左右する。

このケースから分かるように、収集したごみの中身をすぐに把握し、積み込みが引き起こすかもしれないリスクを想定し、最善の策を取ることが大切になる。ごみの積み込みのみを目的に作業する場合と、「住民へのサービス提供」という視点をもちながら作業する場合では、明らかに結果が大きく異なる。その差が住民にとって多大なメリットをもたらすし、トラブルも引き起こす。

多くのトラブルの原因を調べると、住民へサービスを提供する視点の欠如に行き着くのではないだろうか。まだそれほど顕著になっていないが、委託化が進むと、現在の「当たり前」が当たり前でなくなるのではないかと危惧される。

雪の日の収集

雪が降るとトラブルが起きやすい。坂道の多い新宿区では、清掃車が滑ることもある。当日はチェーンを装着して走行できる。だが、翌日に路面が凍結すると、積んだごみの重さで車が滑るため、坂道を登れない。数日間も収集に行けないこともありうる。苦情が来るが、清掃車が入れなければ、どうしようもない。

ケガも起きやすい。作業員の話では、坂道に停めていた軽小型車が滑り出し、集積所に突っ込みそうになったことがあるそうだ。建物の壁を破損させかねないので、反射的に手を出して清掃車を身体で止めようとした。その結果、ごみの山の中に入りながら何とか止められ、壁の破損は免れたが、本人は手をケガしたという。

作業員は、収集作業に付随して住民にどのような影響を与えるかを常に考えている。身を挺してでも、住民への迷惑を回避しようとする。常に住民の目線でごみ収集を行っているのである。そのような「守られた環境」のもとで、住民は日常生活を送っている。

問題が多いごみボックス

「ごみボックス」が設置されているマンションもある。いつでもごみを出すことができるから、住民にとってはありがたい。しかし、あらゆるごみが放り込まれた状態のごみボックスも存在する。可燃ごみはもちろん、缶、びん、雑誌、新聞などの資源も投げ入れられていて、収集作業でふたを開けたときに落胆させられる。

設置からかなりの年月が経ち、ふたを上に開けても固定されず、重さで閉まってしまうごみボックスもある。ごみを取り出しているときにふたが閉まり出し、何度も頭を打った。ヘルメットをかぶっているのでケガはしなかったが、もしかぶっていなければ頭を切るだろう。設置者はこうした事態を認識しておくべきである。

ごみが入れられたコンビニの小さなレジ袋が無数に入っている、ごみボックスもあった。おそらく、単身者が出しているのだろう。小さな袋を取るためには、ごみボックスの中に身を乗り入れなければならず、非常に手間がかかる。無理な姿勢をとるから、腰を痛めやすい。作業員の手間を考え、なるべくまとめて、ある程度の大きさの袋に入れる配慮をすべきであろう。

そうした配慮があれば、作業効率が上がり、狭小路地を収集する際に通行を待っていただく時間を少しでも短縮できる。清掃職員は常にできるかぎりの対応を心掛けているが、彼らの作業に住民が配慮すればするほど、その効果は住民に返っていく。

また、管理人がいないワンルームマンションでは、可燃ごみ、不燃ごみ、資源の分別がされないうえに、袋にさえ入れずに投げ入れられているごみボックスもあった。ごみボックス自体が「大きなごみ箱」と化しているのだ。せめて袋には入れてほしい。

こうしたごみボックスを放置しておけば、ごみがごみを呼び、不法投棄の場と化し、臭いが充満して近隣へ迷惑がかかる。そこで、清掃職員は時間があるかぎり、「大きなごみ箱」の掃除（すべてのごみや資源の収集）を行っている。ただし、いくら掃除をしても数週間後には元の惨状へと戻る。清掃職員の思いが住民に届いているとは思えない。それでも、「衛生的な環境を提供していきたい」という気持ちで、時間があるかぎりこの作業を続けている。

災害時の応援

他の自治体で大災害が発生した場合、たくさんの自治体職員が応援に駆けつける。清掃職員も、その例外ではない。以下は、応援経験者の運転手から聞いた話である。

一九九五年一月に起きた阪神・淡路大震災のとき、神戸市東灘区の清掃事務所に、車五台と作業員一〇人、それに技能長と整備士の合計一八名で向かった。発生からほぼ二週間後の一月三〇日、清掃車を並べて東京都庁で出陣式を行い、各清掃事務所から集まった三六台が連なって出発。他の清掃事務所は新車だったが、新宿は一番古い車で向かった。何を積み込むか分からないし、もし壊れたら大阪のメーカーで修理すればよいと判断したからである。

現地に到着すると、清掃事務所の周囲はすべて焼け跡だった。狭い事務所に当初は約八〇〇人が避難していたという。当時も四〇〇人程度が布団もない状態で暮らし、トイレはバケツで代用していた。

早速、布団を大阪からリースし、清掃事務所の四階に寝泊りした。避難している住民からは「なぜ四階だけ布団があるのだ」とも言われたが、災害派遣であることを説明し、理解していただく。受験生がトイレの明かりを使い、震えながら勉強していたので、持ってきていた防寒具の一つを渡した。

近くに清掃工場がなかったので、臨時にごみを置く「開け場」を設置。朝一番に行って、通常は六台分収集するところを八台分収集し、二日目からは地元の大先輩が清掃車の横に乗り、現場をまわった。不燃も可燃も問わず、たんすであろうが家財道具であろうが、瓦礫を運んだ。収集中に、住民から手を合わせて拝まれたこともあった。仏壇の中にお金が入っていることもあったが、そのまま運んだ。

こうした作業を一週間にわたって続け、次のチームに交代した。ただ、運転手はせっかく道を覚えたころなので、最低二週間は配属したほうがよいと思う。

災害発生時に、住民にどのようなサービスを提供するかを考えるとき、他の自治体から得られる支援は非常に有効だ。いつ大きな災害が起こるか予想がつかない。明日は我が身を想定し、清掃職員は他の自治体の現場に駆けつけている。この尽力が万が一の際に、数十倍となって住民へ還元されるであろう。

運転手の収集業務への思い

運転手は収集作業終了後、翌日に備えて清掃車を洗い、必要ならば磨きあげる。プレス車ならタンクの中を洗浄し、臭いがこもらないようにする。彼らは、こんな思いでメンテナンスを

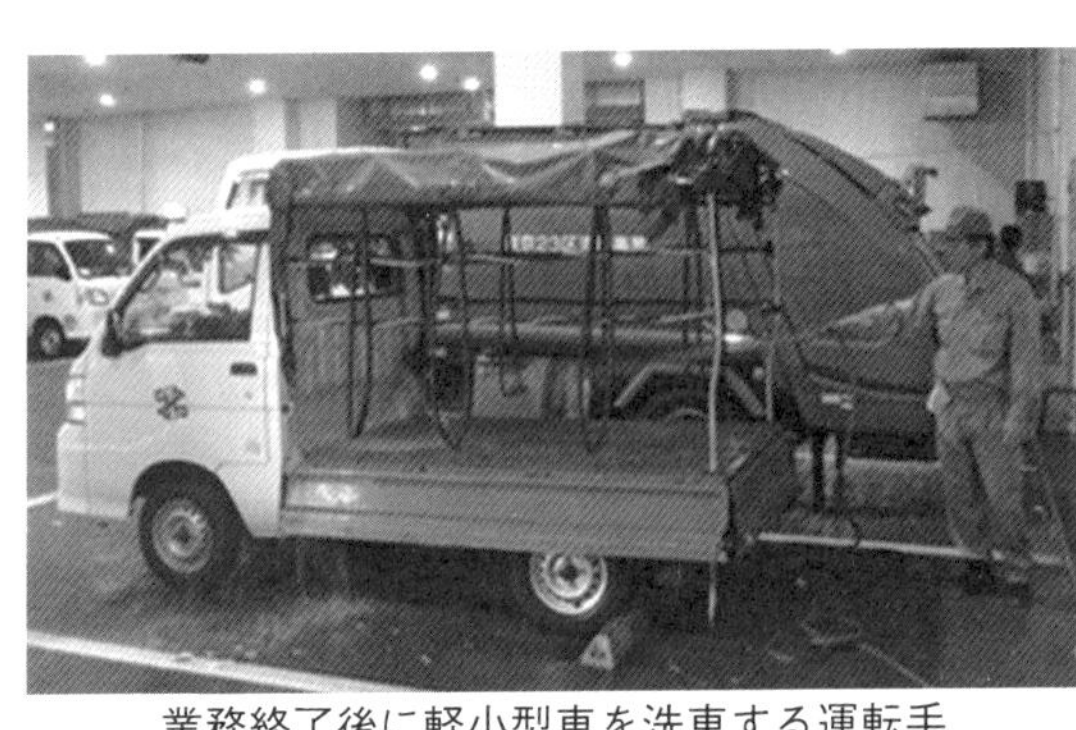
業務終了後に軽小型車を洗車する運転手

行っている。

「ごみという、汚く、臭い、誰もが嫌がるものを運搬するのだから、車まで汚れていれば、それを見た住民はいい気分にはならない」

職人が道具を大切に扱うことが基本中の基本であるように、清掃職員も道具を大切にする。そこには、車両が通行する際に異臭がすれば住民が気分を悪くするであろうという配慮もあるが、清掃行政への偏見に対する挑戦、自らの仕事の質の向上への努力が含まれている。

それは、清掃職員による住民との目には見えないコミュニケーションである。住民はそれに気づかないであろうが、きれいな清掃車が街を走り抜けているのを見かけた際には、清掃職員の収集業務への思いや住民への気配りを認識してほしい。

収集業務の安全対策

清掃車の後ろには「作業中」という電光表示がある。昔は収集作業前に手で回して表示していたが、暗くなったときの作業中に後方からの追突事故が生じたため、現在では自動的に光る

作業中の安全性を確保するための電光表示

ように改良されている。これによって、作業中の安全性をより確保できるようになった。

　このように、過去の経験から得られた知恵を反映し、ケガや事故をできるだけ発生させないような対策をとっている。そのための組織が清掃事務所安全衛生委員会だ。そこでは、「安全のためには妥協しない」という考えのもとで、危険な集積所、作業服の機能、車の装備などの改善策が検討されていく。

　運転手が作業状況を確認するためのテレビカメラの搭載、作業中に危険な状況が生じると清掃車の作動を停止できる緊急停止バーの装着、収集中に作業員が後方の車にはねられないように視認性を高める安全チョッキの導入……。清掃事務所安全衛生委員会の議論を通じて施された対策は枚挙に暇がない。かなりのコストをかけて安全性が追求されてきた。

　こうした安全対策は、業務を委託する清掃会社も同様に行いやすいように規格を統一している。とはいえ、清掃会社には後方を確認するバックモニターが付いていない清掃車もあり、必ずしも完全ではない。収集業務は絶えず、現場の知見をもとに進化し続けており、東京二三区での実践は全国の模範ともなっている。だが、委託化が進むなかで、利益を追求するあまり、作業員への安全対策が疎かになるのではないかと危惧される。

第３章

多様な仕事

清掃工場でごみを積み降ろす様子を小学校の環境学習で実演する清掃職員

これまで収集現場の状況について述べてきた。区が担う収集・運搬業務はこのほかにもさまざまあり、それらの業務群が複雑に連関しながら、清掃行政が構成されている。

たとえば、住民の前にはめったに姿を現さない整備士、清掃行政の適正化へ向けた清掃指導、子どもたちが清掃行政への積極的参加者となることを推進するための環境学習、苦情に対して真摯に対応する苦情処理などだ。清掃職員は実に多様な業務を担う。第3章では清掃業務にもう一歩入り込み、収集業務以外の職員のありようを述べていきたい。

同時に、これらの仕事を見ていくと、収集作業が基礎となっていることが分かる。収集作業で蓄積された経験や知識が、どの仕事を遂行していくうえでも必要だからである。にもかかわらず、収集業務の委託化は年々推進されており、今後は本章で紹介する業務への影響が危惧される。

1　収集を支える

整備士という仕事

清掃職員と言えば、ごみを収集する業務に直接携わる作業員や運転手をイメージするであろう。住民から見れば当然だが、彼らが収集業務を行うことができるのは、その「道具」となる清掃車が故障せずに動くからである。言い換えれば、車の整備を行う整備士が裏方として下支えしているからである。

清掃車両は、台車の上に清掃に関わる機器を架装する構造である。したがって、台車部分は自動車メーカーがメンテナンスできるが、架装部分は独自のノウハウが必要となる。たとえば、プレス車のプレス部分は整備士が熟練したスキルで整備し、問題なく稼働する状況を維持している。それなしには日々の収集業務が成り立たない。

新宿区の清掃車の整備工場は、新宿清掃事務所の地下にある。整備士が二名配置され、小型プレス車、軽小型車、指導用車などのメンテナンスと法定点検を行っている。清掃車の点検は国土交通省の基準で決められており、一カ月に一回の割合で行う。

小型プレス車の場合は、ごみを溜め込むタンク内の機器をハッチを開けて点検することもあ

清掃車のメンテナンス

る。収集したごみを押し出す強制排出板の稼働状態を確認するためにタンクの中に入り込み、潤滑剤を塗る。ごみの臭いが漂うタンクの中で、座ったり寝そべったりしながら点検する。近年では直営車が少なくなっているため、他課の車両の整備、ナビゲーションやドライブレコーダーの取り付けなども行っている。

あらゆるトラブルへの対応

整備士は、清掃車が人身事故や物損事故、火災を起こしたときにも活躍する。現場に駆けつけ、状況の把握、事態への対応、謝罪、クレーム処理、上司への技術的説明などを行う。清掃に関わる車両のあらゆることが担当業務である。

運転手が車両事故を起こしたり、作業員が汚水を飛散させて壁が汚れたりした際には、技能長とともに現場に向かって事後処理し、謝罪する。運転手や作業員が収集業務を続けるために、当事者以外の職員が引き継いで対応するのだ。整備士にとっては自らの責任ではないが、清掃行政を担う一員として引き受ける。

清掃車の火災は前述したように、分別されずに出されたスプレー缶やライターを作業員が積み込み、タンク内で爆発することによって生じる。運転手は幅の広い道路に清掃車を停めて消防車を呼ぶとともに、タンクの上の消火用ハッチから消火剤を投入して消火を試みる。その後、火災発生原因を特定するために、整備士がタンクを開けたり切ったりする。火災を起こした収集車が整備工場に持ち込まれた場合は、修理に携わる。

そもそも排出時にきちんと分別されていれば、こうした作業は必要がない。住民の意識が向上すれば、自ずと必要なくなり、無駄な経費を節減できる。

このほか、住民から寄せられたクレームへの対応にも同行し、工具を利用して可能なリカバリーを行う。クレームに対して技術力を活かして貢献しているのである。

ある整備士の話では、これまでに一番苦労したことは、「自動販売機に多量の廃油が飛んでしまい、油まみれになった状態からのリカバリーであった」という。エンジンオイルを交換した住民が、ごみとして出した廃油を清掃職員が小型プレス車に積み込み、プレスされて破裂。三メートル四方に飛び散り、自動販売機にかかったそうだ。

作業員はウエスに油を染み込ませて飛び散った油を拭き取ったが、何回拭いても飲料を選ぶボタンの部分から油が滲み出る。拭いても拭いてもボタンの際から流れ出てくる油にお手上げとなり、整備士に支援を求めた。そこで、油を分解するスプレーを大量に持って現場に急行し、技能長、作業員、運転士と手分けし、かなりの時間をかけてきれいに磨き上げた。もちうる技術で可能なかぎりの復旧作業を施したうえで、自動販売機の持ち主とメーカーに連絡を入れて謝罪したところ、誠意が伝わり、許していただけたという。

このように整備士は、車両の専門技術のみならず、さまざまな関連する有用な技術や知識をもち、日常的なトラブルにも対応している。収集・運搬業務の守護神のごとく裏方から支援し、多大な貢献をする存在である。

直営車の購入とリース

整備士が整備する直営車は、購入とリースに分けられる。購入価格は八〇〇万～九〇〇万円だ。最近はリース車が増加し、整備現場では多くの問題が起きている。

購入の場合は所有権があるから、定期的に点検して不具合部分を管理できる。修理が必要な場合はすぐに対応し、安定した稼働が可能となる。しかし、リースの場合は、不具合が生じるたびに専門の修理業者に出し、どこをどう直したのか把握できないまま返却される。だから、不具合部分の把握や究明ができず、ブラックボックス化していく。

東京都が清掃事業を所管していたときは、基本的に清掃車を五年、走行距離一〇万キロで買い換えていた。品川区や大田区は海岸が近いため塩害があり、その基準での買い換えが基本だったからである。清掃事業が区に移管されてからは、「五年での買い換えはもったいないので、使えるかぎり利用する」という方針となり、一〇年間使用する区もある。

新宿区では、購入車は八年間、リース車は五年間利用している。経営判断からすれば、一度に多額の費用が計上されないリースを選択するのであろう。しかし、近年各地で頻発している地震からの復興に必要となるため、中古清掃車でも売却が可能である。また、現在利用しているＬＰ車は、部品の一部を交換すればガソリン車として転用できる。購入のほうが高いという判断は、再考が必要であろう。

同時に懸念されるのは、リース車の導入による整備士のスキル低下である。リース車のメンテナンスは専門の修理業者が行うが、安定稼働のためには、不具合箇所の迅速な修理が求められる。したがって、清掃車の全体的な仕組みと機械の連動を把握しておかなければならない。

行政サービスを安く提供するという発想自体は大切だが、安さゆえに失うものも少なくない。結果として、本当に安く提供されたのか疑問に思える場合もある。数字には表れないスキルや知見の評価、現場の定性的な分析を含めた意思決定が欠かせない。

2　歌舞伎町界隈での奮闘

東宝ビル前の惨状

「東洋一の歓楽街」と言われる歌舞伎町には、多くの飲食店や遊戯施設が立ち並ぶ。深夜になってもネオンは消えず、多くの人びとが夜通し行き交う。この繁華街でも、新宿二丁目と同じように、多量のごみが出されている。

二〇〇八年末、業績の悪化と建物の老朽化により、新宿コマ劇場と新宿東宝会館が閉館した。そして、二〇一五年四月、映画館、ホテル、飲食店などが入る三一階建ての新宿東宝ビルがオープンする。繁華街のど真ん中に位置するこの複合施設の完成後、人の流れが大きく変わり、ホームレスが消えた。

歌舞伎町の中心地区に居住者はいない。すべてのごみは事業系である。事業者が区に収集を依頼する際は、有料シールを貼らなければならない。とはいえ、貼られていないごみ袋を放置すれば、生ごみの臭気が漂い、カラスの餌となって散乱し、そこから蛆がわく。新宿区はやむをえず、月曜日から土曜日まで毎日収集していた。これを「日取り」と呼ぶ。ところが、事業者は「ごみを出せば持っていってもらえる」と認識し、ごみ収集の負のスパイラルに陥っていた。

こうしたなかで、吉住健一新宿区長は区役所と目と鼻の先に建設された新宿東宝ビルを新たなランドマークにする意向を表明。全庁を挙げて、この地区の整備を推進することになった。歩道の改修、自転車通行の禁止、駐車禁止に加えて、不適正に出されたごみへの徹底的な対策がとられていく。

集積所廃止前のごみ袋の山（歌舞伎町清掃センター提供）

新宿区集積所の廃止と移設により一変

新宿区環境清掃部が目指したのは、区の集積所と民間ごみ収集業者の集積所が混在している管理者不在の集積所を対象とした、分別されず、有料シールも貼られていないごみ袋の山の一掃である。そこで、これまでの集積所を廃止し、各ビルの前に新たに集積所を設けることにした。排出者を特定しやすくするためである。

まず、集積所の排出調査を行い、どのビルのどの事業者がごみを出しているのかを把握した。この地区では、カラス対策のために早朝六時半から、車付雇上の業務委託により収集されている。カラスが荒らしたごみの中を通勤者が通行することを避けるための配慮である。その時刻に合わせた早朝出勤や日曜出勤によって、調査を行った。

排出者の把握後は、手分けして一軒ずつ訪問。現在の集積所を廃止して各ビルの前に新設するので、有料シールを貼って出すように伝えた。ビルのオーナーや管理会社にも、経緯を丁寧に説明して理解を求めた。なかなか理解を示さない事業者には、繰り返し訪問し、「他の皆さんはきちんと対応している」と説得したという。二〇一四年一一月から調査を開始し、オーナ

信じられないほどきれいになった歌舞伎町

ーや管理会社に説明を終えたのは一五年の二月である。

各ビルの前に集積所を移設した当初は、有料シールを貼らずに出して抵抗する事業者もいたが、それを続けるとビルに同居する店子同士のトラブルに発展しかねない。徐々に有料シールの貼付率が向上し、不燃ごみの曜日外の排出もなくなった。こうして、無責任に出されたごみ袋が散乱する惨状が一変し、清潔感あふれる繁華街へと変わった。

この成功をベースに、周辺エリアの集積所もテコ入れした。区に収集を依頼するのであれば、ビルのオーナーや管理会社が申請手続きを行い、ビルの前に集積所を設けてルールどおりに有料シールを貼るように徹底したのだ。当然ながら、自らのビルの前が集積所になることを嫌がるオーナーや管理会社も存在する。その場合は民間ごみ収集業者を紹介したり、その業者が提供する「フロア収集[1]」を勧めたりした。その結果、周辺エリアにもごみ出しのルールが徹底されていく。現在の歌舞伎町は、繁華街としてはありえないぐらい美観が保たれ、衛生的な環境が維持されている。

業務委託とその陥穽

六時半からのごみ収集に際して、当初は直営を検討したが、勤務体制をとることができず、車付雇上で行っている。清掃職員の勤務時間前に収集され、作業ぶりは把握できずにいた。その後、前述の調査時に車付雇上の収集作業の問題が明らかになる。有料シールを貼っていない事業系ごみも収集していたことが判明したのである。本来なら民間ごみ収集業者に任せるべきであるにもかかわらず、相当量を収集していた。残置して怒られるのであれば積み込んだほうがよい、と判断したという。だが、その報告はなく、チェック体制もなかった。これは、税金の無駄遣い状態である。そこでルールどおりの収集にした結果、車付雇上の台数を大幅に削減するに至った。

この事例は、業務委託当初は目が行き届いていても、担当者が異動で変わるなかで現場の状況が把握できなくなり、問題が発生するまで野放し状態にされるという、「業務委託の陥穽」の典型である。たまたま実施された調査過程で判明して改善されたものの、委託化の推進によって頻発する事態であろう。委託化の課題を浮き彫りにしている。

---

(1) 収集業者はさまざまなサービスを提供しており、契約によって希望する収集方法や収集曜日・回数に応じる。なかには、ビルのフロアごとに集積所を設け、そこまで取りにいくサービスもある。

さまざまなごみがルールを無視して出されている、反社会組織の事務所近くの集積所(歌舞伎町清掃センター提供)

反社会組織の事務所に近接する集積所

歌舞伎町界隈には、反社会組織の事務所が存在する。その事務所から「ごみが出ているので片付けてほしい」という依頼が頻繁に寄せられる。調査した時期は、依頼の電話が毎日あった。

問題の集積所は管理者が不在で、曜日・時間に関係なくごみが出され、不法投棄も絶えない。清掃職員が近くのマンションの一室を借り、夜間の張り込みをして監視してきたが、何かあって警察に通報しても、手がまわらないのか現場には来ないという。その結果、誰でも何でも捨ててもよいと思われるような集積所となっていく。

集積所付近の路上を反社会組織の車が占拠して清掃車が入れず、ごみを収集できないときもあった。そのため、ごみがごみを呼び、収集後のごみ出しや不法投棄が常態化。たびたび収集を依頼する電話がかかってくるため、可能なかぎりの対応をせざるを得ないとはいえ、特定の場所のみを何度も収集するわけにはいかない。ふれあい指導班の巡回や軽小型車によって対応する状況が続いた。

集積所付近で状況を確認していると、事務所から出てきた人物に「ごみを持っていくように」依頼されることがあるそうだ。組織の幹部や来客があるとき、付近にごみが山積しているとメンツが保たれないのであろうか。「見栄えがよくない」「汚いから持っていけ」と高圧的に依頼されることもあるという[(2)]。

どのような言われ方であれ、新宿区の看板を背負って業務を遂行している清掃職員は毅然とした態度で対応する。清掃職員は強靭な精神力がなければ務まらない。

ルールを守らない外国人が多い

新宿区には約四万一〇〇〇人の外国人が暮らし、区民の約一二%を占める[(3)]。歌舞伎町に隣接する山手線新大久保駅周辺には、とくに多い。

そこでは多文化共生の一面が垣間見られる一方で、生活習慣の違いからかごみ出しのルールが守られていない。なかでも、以前はシェアハウス、近年は民泊からの不適正な出し方が後を

（2）こうした依頼は何らかの動きが見られるときでもあり、警察と連携した対応が必要であろう。

（3）新宿区のＨＰ「多文化共生ってなぁに？」を参照（http://www.city.shinjuku.lg.jp/tabunka/bunka01_000101.html）。

絶たない。中国、韓国、東南アジア系住民が多いので、新宿区では中国語や韓国語の注意喚起のビラを作成した。だが、東南アジア系言語は多種類にわたり、十分に対応できていない。

また、中央線大久保駅近辺には、管理者不在、不適正排出（分別なし、曜日無視）、他のエリアからの越境排出、有料シール未貼付、継続した不法投棄といった問題をかかえる集積所が存

多言語でルールを表示した集積所には、ごみがあふれていた

在している。たびたび清掃指導を行っているものの、いっこうに改まらない。

筆者が調査した日は、可燃ごみの収集日ではないにもかかわらず、たくさんのごみ袋が出されていた。注意深く確認すると、宴会後のごみのようである。散乱したごみ袋の一部はガードレールを越えて、大久保通り側にあふれ出ている。破袋調査を行ったところ、中国語で書かれた送り状（ビジネス文書）が含まれていた。ＳＯＨＯでインターネット通販している事業者が出した袋と推測される。有料シールは貼られていなかった。

この集積所の付近では、シェアハウスの形式をとった民泊が行われているらしい。以前、集積所以外の場所に出されていたため、清掃指導に赴いたところ、外国人が

ビルを購入し、六畳に五人の外国人が寝ていた。話を聞くと、複数が「数日前に日本に来た」と言う。利用者は数日のみ宿泊するようだ。限りなく民泊に近い。ごみは最寄りの集積所に投棄していると思われる。別の機会に行った破袋調査では、排出者を特定し、路地の奥にある施設に清掃指導に行ったものの、日本語も英語も通じず、指導できなかった。暖簾に腕押しの状況である。

今後、民泊の規制が緩和されて宿泊者が増えていけば、この集積所と同じケースが増えるであろう。近隣の町会でも心配している。ごみを見れば、民泊であるか否かは容易に察しがつく。清掃職員による最先端の情報を活用した取り締まりが必要になると思われる。

なお、シェアハウスであれば居住者として家庭ごみの扱いになるが、民泊の場合は事業だから事業系ごみであり、有料シールを貼らなければならない。ただし、限りなくグレーな形で運用されているシェアハウスでは、線引きが難しい。

多言語で書かれた注意喚起文

この集積所については、調査の翌日が可燃ごみの収集日であったため、注意喚起の文書をごみ袋に貼った。その文書は、韓国語、中国語、日本語で書かれている。缶やびんは清掃職員がまとめて持ち帰った。

清掃指導の根拠が必要

こうした状況を改善するには、排出者の責任を明確にする観点から現在の集積所を廃止し、各住宅の前に分散化して設けるべきである。しかし、さまざまな制約から一筋縄にはいかない。まず、私道に清掃車が進入できない。重いため、路地などの舗装に使われている、雨水を染み込みやすくするインターロッキングブロックを破損する可能性があるからだ。私道に入る場合には、破損の可能性がある旨の確認書を取り交わすが、「壊れた際に責任を負わない」という文言に大半の私道管理者は怒るという。また、私道を複数で所有している場合は、ひとりでも反対すれば利用できない。仮に、進入が認められたとしても、狭くて軽小型車しか入れなければ、配車計画を変更しなければならない。

さらに、最大の問題点は、特別な事情がある場合を除き、行政側から集積所の廃止は働きかけられないことである。区民の苦情を端緒とした見直しなら可能だが、清掃職員には集積所の設定や運営に関する権限がない。

歌舞伎町のような繁華街における清掃指導で、不適正なごみ出しを続ける事業者から「決まりはあるのか」と反論されれば、「あくまでお願いであり、モラルの問題です」としか答えられないのが現状である。根拠となるルールや条例、違反した場合の罰則がないため、清掃指導に強制力がなく、聞き流されてしまう。不法投棄は廃棄物処理法による罰則が適用されるが、清掃指導は根拠が曖昧なまま行われている。

一方で、条例で定めると、現場レベルで融通を利かせた収集ができなくなる可能性もある。ルールが厳密に設定されると、現場がまわっていかないかもしれない。とはいえ、何らかの根拠は必要である。現状が続けば、意欲ある清掃職員のモチベーションが下がり、清掃指導にも影響が及ぶであろう。

3　女性の活躍

アルバイト→雇上→清掃職員

ごみ収集業務は一般に、男性の仕事と捉えられている。たしかに、圧倒的に男性職員が多い。だが、業務委託となる雇上や車付雇上も含めて、作業員や運転手として女性も活躍している。新宿区には現在、技能長一人、小型プレス車の運転手二人、軽小型車の運転手一人の合計四人の女性清掃職員が在籍する。女性は、一九八五年の男女雇用機会均等法の成立を契機に採用された。

女性を採用すると、専用のロッカールームや作業後の洗身施設が必要となる。新宿区では四つの清掃事務所・センターのうち、新宿清掃事務所だけに整備されているので、女性は必然的に新宿清掃事務所に配属される。当初は女性用施設がなく、洗身施設を時間制（一時間が女性枠）として運用していたという。

筆者は松浦裕子さん（仮名、一九六八年生まれ）が運転する小型プレス車に特別に同乗させていただき、清掃工場への往復中に話を聞いた。そのヒアリングをもとに、女性にとっての職場環境や仕事の実態に迫ってみたい。

松浦さんは小さいころから車が好きで、自動車整備士を夢見ていたが、果たせず、高校卒業後は宅配便のアルバイトを行っていた。そのときの知り合いが清掃業務を受託する清掃会社（以下「雇上会社」という）の社員で、「社員にはなれないけれど、協会（東京環境保全協会（一五二ページ参照））からの派遣で運転手をするのはどうか」と誘われる。宅配便の運転手は自ら積み降ろしをしなければならないが、清掃車ならば運転だけだし、給料も宅配便より高かったので、転職した。当時の身分は、労働者供給事業（一五六〜一五七ページ参照）で派遣される雇上の運転手である。

その雇上会社で六年半働いたという。年休はなく、「休みたい」と言えば「もう来なくていい」と言われるような状況で、逆に人手が余るときは「明日休んで」と言われる。便利な使い捨ての状態だった。しかも、当初は担当現場が固定していたが、途中からは「フリーになって」

と言われ、毎日行き先が変わったという。

「どこが集積所かも分からず、作業員に道を教えてもらいながら運転していました」

一九九六年に清掃職員の募集に応募して採用され、二八歳で運転手となった。作業員を第一志望にしたほうが採用試験に受かりやすいと言われたが、「運転手しか希望しません」と言い、第二志望は書かなかったそうだ。作業員にまわされた合格者もいたが、松浦さんは希望どおり運転手として採用された。

当時のごみ収集・運搬は「男の職場」だったが、まったく抵抗はなかった。雇上の運転手のときは、派遣先で若い作業員からの誘いを受けた一方で、清掃職員となってからは班長を中心とした封建的な雰囲気の影響もあり、「男の職場に何で来るのだ」と言われたという。東京都が清掃事業を所管していたころは作業員と運転手で賃金体系が異なり、運転手のほうが格上だった名残りで、直営の運転手をよく思っていない作業員もいると感じたそうだ。

また、清掃車の女性運転手が珍しいようで、信号待ちの停車中に反対車線の車から、「おねーちゃん、臭くねーのか」など、差別交じりのからかいを受けたこともあった。清掃という仕事には、こうした差別や偏見との戦いという面がある。

「奥さんにも子どもにも自分の仕事がごみ収集であることを話さず、サラリーマンだと言っていた雇上会社の社員もいました。私はまったく隠さず、三人いる子どもにも清掃職員であることを伝えています」

家庭との両立、仕事のやりがい

松浦さんは清掃職員となってから、作業員と職場結婚した。彼は結婚後、清掃工場に転勤となり、四日間で日勤と夜勤を一サイクルする勤務形態となる。[4] 三人の子どもは、産休や育休を利用し、職場の協力と理解のもとで育てた。民間企業では出産を機に辞める女性がまだ多いが、新宿区では女性が働き続けられる制度が整っているため、現在も運転手として活躍できている。

ただし、保育園に預けられるのは午前七時からなので、始業時間に間に合わない。そこで、有償ボランティアのベビーシッターを利用してきた。六時半に子どもを連れていき、朝食と保育園への送迎を委ねる。勤務終了後は、一七時半までに保育園に迎えにいった。

仕事のやりがいについては、どう考えているのだろうか。

「集積所に着いたとき、掃除をして待っていてくださる区民の方から『ご苦労様』と言ってもらえると、やりがいを感じます。住民の方から感謝されたり励ましの言葉をもらったりすることもあります」

こうした住民の気持ちが、モチベーションの向上につながっているという。また、阪神・淡路大震災や新潟県中越地震の際は、現場で雑魚寝になるので女性は派遣されなかったが、仲間が駆けつけて活躍したことも、自らの仕事の誇りと捉えていた。

清掃現場で女性が活躍する意義

前述したとおり、東センターには毎日午後になると、軽小型車が収集した可燃ごみを積み込むために、小型プレス車が五月雨的に到着する。積み込み作業を終えて運転席を見て初めて、女性が運転していたと気づくように、清掃車の操作にはまったくと言ってよいほど性差は感じられない。男性に混じって清掃車を堂々と動かす姿には、風格が感じられる。参与観察を踏まえて、清掃現場で女性が活躍する意義を述べておきたい。

第一に、男性中心の職場で働く女性にとっての希望になる。以前の清掃職場は典型的なタテ社会で、新入職員は班長の下で鍛えられた。そうしたなかで、ときには罵声を浴びせられながらも、男性職員と同等の結果を出して、プレゼンスを向上させている。

筆者の収集経験から、すぐに思い浮かぶことがいくつもある。たとえば、全集積所を覚えて、作業員が作業しやすい位置に清掃車を停める。暑さのもとで積み込みを終えて戻ってきた作業員が束の間の休息をとりやすいように、自分は寒く感じても冷房を強めに利かせる。清掃工場への往復で事故や渋滞に巻き込まれたとき、休憩時間を取らずに収集作業の開始時刻に間に合わせる。こうした努力を重ね、同僚からの信用を得て、男性と対等な関係を築いてきた。

第二に、清掃への偏見や差別の払拭に貢献している。インタビューで紹介した以外にも、「清

（４）現在は委託化が進み、清掃一組の職員は日勤のみとなっている。

掃車を見た親が子どもに対し、『がんばらないと、あのようになる』と諭していた」という話を清掃職員から聞いた。そうした状況のもとで、女性が清掃行政に誇りをもって従事している姿は、イメージの向上につながると思われる。

第三に、仕事と育児の両立は健全な職場であることの証明であり、それ自体が大きくアピールできる。両立が可能なのは、制度の整備はもちろん、職場に理解を示す上司や同僚がいて、職場全体で支援する組織文化が存在するからである。産休、育休、時短勤務などを遠慮なく利用できる雰囲気があると言える。それは、よりよい人材の確保につながる。

今後も女性職員が採用され、現場で活躍する姿を期待したい。

4 ふれあい指導

役割が増している、ふれあい指導

ごみ収集のルールを守らない住民や事業者は多い。作業員がたびたび注意しても改まらない集積所に対しては、対話を通じて理解を求め、解決へと結びつける、ふれあい指導が各区で行われている。東京都が清掃事業を所管していた一九九八年から始められ、区への業務移管後も継続されている。内容は、次の四つに分けられる。

①ごみの分別や適正な出し方への指導、②集積所の新設・改善・廃止についての相談と指導、③事業系ごみ有料シールの適正貼付の指導、④不法投棄に対する調査と指導。

東センターでは八人の清掃職員がふれあい指導班に配属され、技能長が取りまとめている。新宿清掃事務所と歌舞伎町清掃センターも、同様な体制である。

ふれあい指導は、住民や事業者がルールを守っていれば必要ない。昨今、行政改革の一環として公務員が削減されているが、住民がルールを守っていれば、真っ先に廃止を検討できる人員だ。ところが、モラルは相対的に向上せず、指導件数は増加傾向にある。しかも、ある集積所の指導が終わると、新たな案件が登場する。こうして、ふれあい指導班の役割がより増すという皮肉な状況が起きている。

ふれあい指導では、ルールを守らずに出されたごみの排出者を特定し、同様な出し方をしないように指導する。八人の清掃職員は二つに分かれ、二台の車で問題がある集積所を巡回している。その際、現場の経緯を把握している職員が必ず乗車し、複数の担当者で対応する。どんなトラブルに巻き込まれるか分からないし、反社会組織にも対応せねばならないからである。だが、不燃ごみの破袋選別作業の応援、軽小型車での収集の応援にもまわるため、複数人数を確保しにくい。

収集班からは、分別されずに出されたごみや指定曜日外に出されたごみなどの情報が寄せられ、両者の連携によって指導が行われていく。センターへの電話での問い合わせやクレームを端緒として案件が把握されることもある。こうした情報について、技能長を中心に内容を精査して対応策を検討し、ふれあい指導班が実行部隊となって措置を講じる。

あくまで「お願い」

破袋調査で封筒が見つかれば、排出者の住所が確認できる。その際は訪問して適正な出し方についての「お願い」を行う。これは取り締まりではなく、強制力が伴わない「お願い」である。また、有料シールを貼らずに出された事業系ごみは収集しないが、排出者に罰則があるわけではない。したがって、出した人や事業者から「舐めて」かかられることも多い。指導側もそれを分かっているが、どうにもならない。

訪問にあたっては、ごみが不適正に出されている旨の通知文と、ごみ出しルールが記載されたリーフレットを持って、複数の清掃職員で訪ねる。筆者は職員の後ろについて約一〇軒を訪ねたが、九時三〇分ごろと朝早くだったためか、ほとんどの事業者は不在で、ポストや玄関の扉の隙間に挟み込むしかできなかった。

排出者と思われる人物と話ができたのは辛うじて一人だけだ。雑居ビルの中にある事務所で、名称からは、何の事業を営んでいるか分からない。やり取りの概要を紹介する。

職員　おはようございます。〇〇会社さんでしょうか。こちらは新宿東清掃センターです。

（IDカードを首からぶら下げた、正社員らしき人物が奥から出てくる）

社員　誰もいませんが。

職員　表の通りの集積所に、御社のごみが出されておりました。ごみを出す場合はシールを貼ってください。事業者が出すごみを新宿区で処理する場合は有料になります。

社員　目の前の集積所ですか？

職員　そうです。そこの調査をやっています。場合によっては、ごみを収集せず残していくこともありますので、ご協力のほどよろしくお願いします。

明らかに正社員のようであり、事務所のごみ出しに関して責任を負うべき立場にあると考えられるが、指導にあたっては、相手に足元をすくわれないように言葉を選び、丁寧な対応を心掛ける。強制力を伴わない「お願い」なので、相手の反応に対して「根掘り葉掘り事情を聞き出す」姿勢をとらず、要請を伝える形式となる。このときのようにしらばくれる相手に対しても、その姿勢を糺すようなことはせず、状況を説明して「お願い」をする。(5)

(5) 通常、制服を着てお願いにあがると、一定程度の抑止力がはたらき、改善が見込まれるという。また、外国人が経営する店で指導をする際には、「日本語わかりません」と言われるケースが多いそうだ。「では、ごみを置いていきます」と言うと、あわてて有料シールを貼るという。

指導におけるメンタリティとジレンマ

指導される相手は清掃職員に対して対抗的であり、言葉を間違えると突っ掛かられる可能性がある。逆切れし、頭ごなしに怒ってくることもあろう。それゆえ、しっかりした目で向き合い、毅然とした態度で接することが、清掃職員の資質として求められる。同時に、度胸や心の支え、言い換えれば覚悟や根拠が必要となる。

不適切な排出者への対応マニュアルは存在しない。収集業務を通じて、ごみ出しの正しい知識とルール、原理原則を自らに落とし込み、それらを根拠とした自信をもとに対応するしかない。確固たる自信がなければ、しっかりした目で不適切な排出者を見ることができない。また、そうした覚悟や根拠がなければ、精神的に参ってしまうだろう。

清掃指導は収集業務の延長線上にあり、収集業務を真剣に行って経験を蓄積しているがゆえに遂行できる。収集経験を伴わない清掃指導は成立しにくい。

廃棄物処理法では、事業者は自ら排出するごみを処理するように定められている。一方で、ごみの量が少ない場合、民間ごみ収集業者に依頼できない場合もある。そこで、区の行政サービスとして有料シールを貼付することを条件に収集を行っている。ただし、ルールを守らなくても懲罰が与えられるわけではない。「お願い」を受け入れる・受け入れないは、事業者のモラルしだいである。

指導内容が受け入れられない場合、ごみを収集しないという対応も考えられるが、そのごみを見て別の事業者がごみを置き去るという、「ごみがごみを呼ぶ」状況になる可能性が高い。夏場に残しておけば不衛生な環境を招き、その片付けも業務となる。だから、衛生的な環境を提供する観点からは、適宜収集せざるを得ない。これは事業者側からすれば、「出せば、いずれは持っていってもらえる」と受け取られる。清掃職員が善意で収集すればするほど、それを逆手に取る事業者が出現する。

また、清掃指導を厳しくすると、協力的であった事業者がへそを曲げ、「集積所を貸さない」と言うこともありうる。集積所がなくなれば戸別訪問での収集になるから、清掃職員の負担は増える。収集計画にも甚大な影響が及ぶ。したがって、清掃指導のさじ加減は非常に難しく、高度な駆け引きや対人交渉スキルを要する。

厳しくすれば、清掃行政全般に影響が生じる可能性がある。優しくしすぎると舐められ、街の美観や衛生的な環境に影響が生じる。このジレンマのなかで、清掃指導が行われている。

収集と清掃指導の正のスパイラル

収集業務は清掃行政の基礎である。それは、集積所にあるごみを積み込むという動作そのものである。他方、その過程には、自区が定めるごみ出しのルールという「理論」や、それに付随する周辺知識を運用した「判断」が存在する。すなわち、理論と実践という二つの要素で構成されている。

一般の人びとにとって、収集業務は力仕事として理解されるだろう。しかし、力仕事と理論的側面を融合させ、自らの中に落とし込んで咀嚼していくことが、清掃職員には求められる。それが、「収集業務は基礎である」と言われる理由である。

また、不適切な排出者と向き合い、ルールに反する行為に是正を求める清掃指導は、ルールが理解できていれば遂行できると思われがちである。だが、条例には明確な排出ルールや罰則が規定されていない。指導の根拠となる収集経験のない清掃職員が理論のみを振りかざして指導しても、抵抗者と対峙できない。そうした状況で行われる清掃指導は「あだ花」のようなものであり、排出者と行政の間に不信感のみが残るだろう。指導の際に用いる理論が実践に基づいているがゆえに説得力が増し、排出者と対峙できる。

このように、収集も清掃指導も理論と実践に基づいており、どちらか一方が欠けても機能しない。両者が相互補完関係となること、すなわち、「理論に裏づけされた実践」と「実践に裏づけされた理論」を循環して正のスパイラルを描き、大きなサイクルにしていければ、清掃職員の資質が向上する。また、そうした職員が清掃行政に携わることで、住民に対して質の高い清掃サービスが提供されていく（図４）。

図４　収集と清掃指導の正のスパイラル

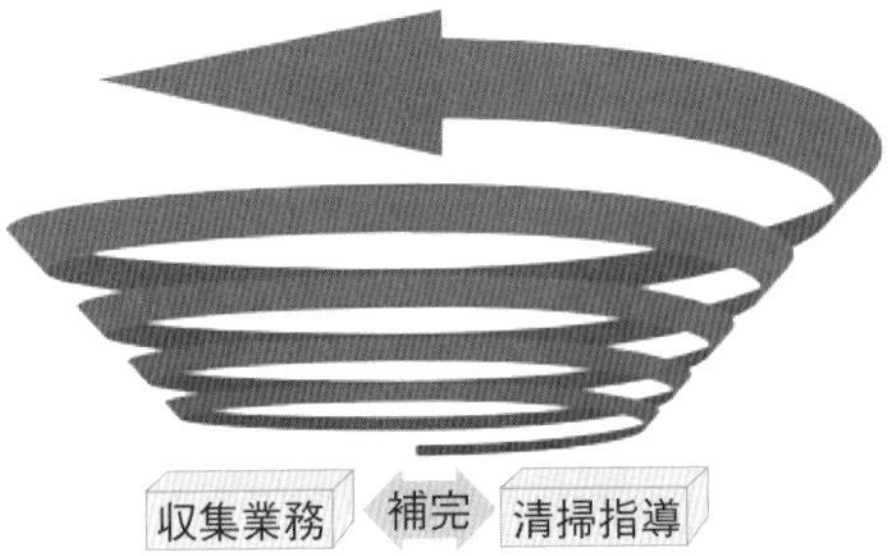

5 環境学習の現場

清掃職員による環境教育

新宿区では、保育園・幼稚園・小学校のリクエストで、ごみ処理の流れ、ごみの分別やリサイクルの必要性、環境問題について、出前講座による環境学習を行っている。子どもたちはふだん、街でごみ収集作業を見ていると思われる。そのときと同じ制服を着た職員が訪れるため、リアリティと迫力があり、話に聞き入る。教員や保護者も興味深く聞くという。

こうした機会をとおして、幼いころから清掃や環境への問題意識をもち、その関心を育む種を播いていると言える。また、子どもが学んだことを家庭で親に話すと、結果的にごみの分別やリサイクルが推進される可能性も秘めている。

環境学習は、清掃事務所や清掃センターのふれあい指導班が担当する。二〇一六年度の実績では、保育園三〇園、幼稚園三園、小学校一七校の合計五〇件、のべ一五一六人の児童・生徒が参加した。学校のカリキュラムやスケジュール上、時期が集中するため、綿密な日程調整が必要となる。清掃職員はごみの収集のみならず、環境教育にも携っているのだ。

紙芝居と分別ゲーム――保育園での環境学習

保育園では紙芝居と分別ゲームを行っている。紙芝居は歌舞伎町清掃センターの職員がつくり、東センターの職員がアレンジした。材料は出されたごみを再利用している。緑豊かな森に住む主人公の熊の子ども「カブー」が、親からリサイクルの意味を教わり、その大切さを認識して友だちにも勧め、森の環境を守っていくというストーリーだ。そこに、びんや缶が再利用される話や、ペットボトルが服や帽子や手提げ袋に生まれ変わる話などが盛り込まれる。

紙芝居には多くのキャストがあり、参加可能な清掃職員がそれぞれの役を演じる。子どもたちの注意を引くように、子どもやお母さん役も含めて役になりきっている。アドリブも入る。たとえば、ナレーター役の部下が、お父さん役の上司が登場する前に、「ダンディーな声のお父さんが来たよ」とアドリブで言うと、上司はできるかぎりのダンディーな声で話す。[6]このアドリブの演技が素晴らしく、笑いをこらえるのが難しいほどだ。職員たちは見えないところで楽しみつつ、チームワークを発揮している。

紙芝居に続いて、最終処分場について説明する。通常、ごみ収集と言えば清掃工場への搬入まではイメージしやすいが、焼却後の灰の行き先はおとなでもよく知らない。環境学習では、東京湾の埋立地である新海面処分場が紹介される。そして、埋め立てのスペースは今後五〇年分しかないので、少しでも長く利用できるように、ごみの減量を呼びかける。

最後は分別ゲームだ。海に見立てたボードに貼り付けたごみや資源を分別していく。清掃職

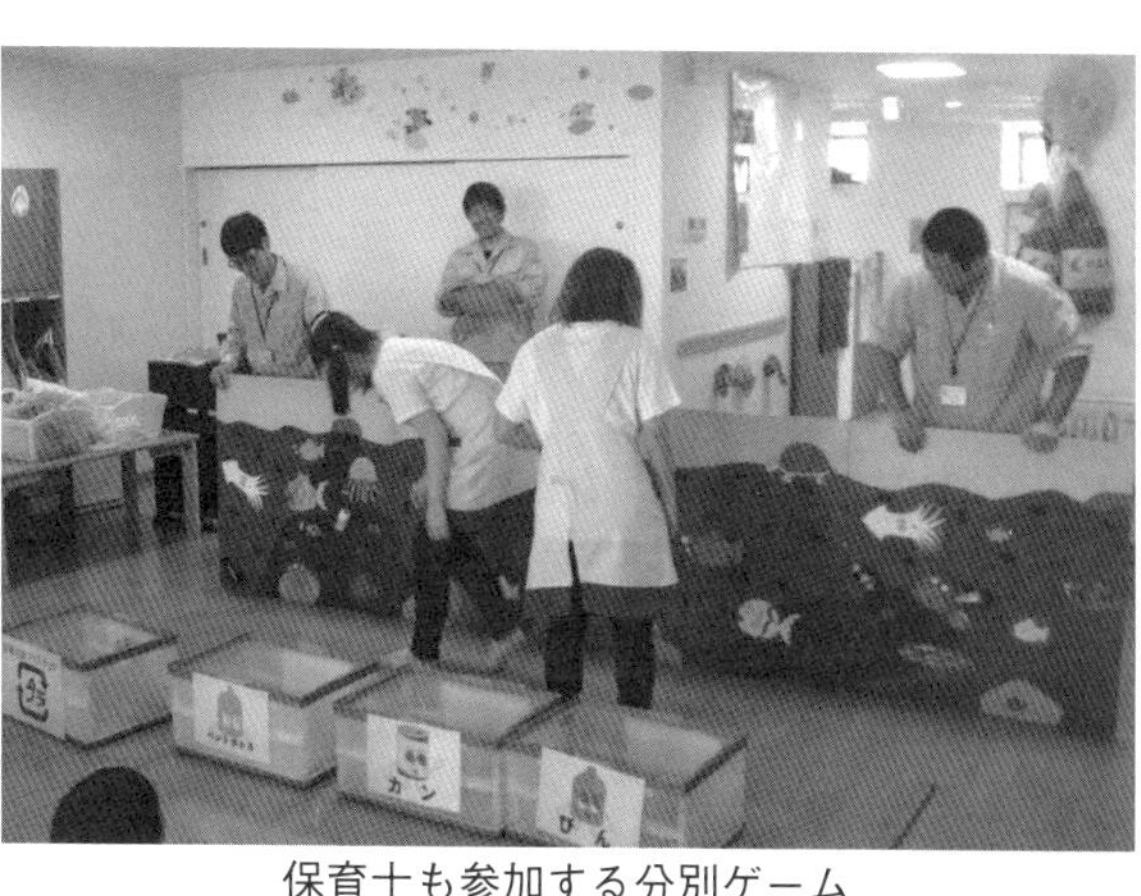

保育士も参加する分別ゲーム

員がレクチャーし、簡単なびんや缶から始まり、「プラマーク」が付いた資源の分別へと進む。保育士も参加する、全員参加型の環境学習である。

保育園での環境学習では、アットホーム感を演出している。分別やリサイクルが身近な行為であり、子どもでも取り組めることを教えたいからである。全員参加型の運営を工夫し、当事者意識を涵養していくように組み立てられていた。幼児期に分別やリサイクルへの関心をもてば、やがて清掃行政の味方や応援者となるであろう。

小学校での環境学習

小学校の環境学習は、より実践的な知識の提供を目指している。開始前のミーティングで細かく打ち合わせし、話し方やペース配分などに配慮して、分かりやすさを心掛ける。清掃職員の意気込みが十分に伝わってきた。[7] 筆者が参加したときは約五〇人を対

(6) こうした「内輪ネタ」は後で話題となり、職員間のコミュニケーションを促進している。

象とし、タンクの中の押し板や強制排出板が側面の大きな窓から見られる環境学習用広報車を校庭に入れ、ごみの積み込みの実演まで行った。紙芝居ではなく、パワーポイントを利用して詳細な知識を提供する。四年生の総合的な学習時間を利用して行う。

会場の体育館のスクリーンを利用して、パワーポイントのコンテンツをプロジェクターで投影しながら、ごみ処理の流れ、分別、リサイクルと話を進めた。たとえば収集については、収集回数、約二万二〇〇〇カ所にも及ぶ集積所をエリアに分けた収集体制などを説明する。そして、保護服、ヘルメット、背中の黄色い反射テープ、手袋、強化プラスチック入りの安全靴(8)、雨の日の長靴やレインコートを紹介した。

さらに、可燃ごみ、不燃ごみ、資源を説明する。紛らわしいプラスチックについても、「プラマーク」が付いていれば容器包装プラスチックとして資源、付いていなかったり付いていても汚れていたりすれば可燃ごみと、丁寧に話す。そして、臭いの原因となる水分をよく切って出す、虫の発生やカラスの近寄りを防ぐために新聞紙に包んで出すなど、区が配布する冊子に載っていない工夫まで示される。

清掃工場のレクチャーも詳しい。八五〇℃の高温で焼却してダイオキシンの発生を防止する、灰溶融施設でスラグ化する、ごみの焼却熱をエネルギーとして収集・利用する(サーマルリサイクル)などだ。

その後リサイクルの話に移り、三R(Reduce ＝減らす、Reuse ＝再利用、Recycle ＝再資源化)

グループごとにごみの分別を体験する

を紹介し、興味をひきそうな実例を挙げる。たとえば、ビールびんは二〇回リサイクルされている、牛乳パックはきれいに洗って資源として出せば六枚でトイレットペーパーが一つできる、ペットボトルが作業着に生まれ変わるなどの説明は、おとなが聞いても勉強になる。実際、参加していた先生がメモを取っていた。

レクチャーばかりでは児童が退屈するので、実習も取り入れている。あらかじめ基礎知識を伝えたうえで、グループに分けて行う分別ゲームだ。たとえば、ペットボトルは資源、ラベルとキャップはプラマークがあるので容器包装プラスチック。肉や魚が入っていた白色トレイは、プラマークが付いていれば効率よくリサ

(7) 台本や進行を間違えるなど、現場で運営側にしか分からない小さなミスもある。それらをネタに盛り上がることもある。

(8) 一トンの重さまで耐えられるように設計されている。「後でおじさんの靴を踏んでみてください」とアナウンスされたので、数人の児童から靴を踏まれた。「硬い」との声が飛び、びっくりした様子であった。

イクルでき、ボールペンの外側の部品になる。CDケースは容器包装以外のプラスチックで、リサイクルできないから可燃ごみ。清掃職員は、こうした知識を収集業務で得ていく。説明する姿は自信にあふれ、児童に安心感を与えるようであった。

最後は校庭で、環境学習用広報車に積み込まれたごみがタンクの中に押し込まれる仕組みを見学する。その際、水が切られていないと周囲に飛び散ることも教える。リアルに見せて印象づけることが、清掃への理解を深め、清掃事業の協力者を増やしていくだろう。

この環境学習にはPTAも参加していた。日常のごみ出しルールを確認できる、よい機会になったと思われる。切り口を変えれば大学の講義でも通用する。こうした知識やノウハウは広く共有し、リサイクル社会の構築に向けて活用していくべきである。生の講義が原則だが、人手が足りなくなることを考えてインターネット配信できるようにしておくとよい。

6 苦情対応と巡回の現場

清掃指導後の苦情

清掃センターには、住民から多くの問い合わせ、要望、苦情が寄せられる。それらのなかには、明らかに清掃行政のミスに起因するものもあるが、住民のエゴやわがままもある。現場ではさまざまな理不尽なことが起きている。たとえば、こんな連絡がふれあい指導班にあった。「商店街の集積所で、家庭ごみに事業系ごみを混ぜて出されていた。破袋調査したところ排出者が特定できたので、清掃指導に行くように」

こうした場合は、両者を分け、事業系ごみの袋には有料シールを貼って出すようにお願いする。早速、現場へ向かい店主と会った。丁寧な言葉遣いで説明すると、理解したようで、「わかりました」と了解し、反論や疑問はなかった。

ところが、ふれあい指導班が帰った直後に、東センターに怒り口調で電話がかかってきたという。

「三人の清掃の方が来られたが、指摘されたようなことはしていない。物品販売業なので、家庭で生じるごみしか出していない」

電話を受けた技能長は趣旨を再度説明した際に、物品販売で生じる紙の箱も一緒に捨てていることを聞き出したうえで、改めてお願いした。

「家と店舗が共用なわけですから、すべて家から出されたごみであるとお考えになるのは分からなくはありません。でも、仮に九割が家庭から出るごみ、一割が事業から出るごみであっても、混ぜずに事業系ごみは分けて、有料シールを貼って出してください」

対応時にはものわかりがよく、説明を理解している様子だったにもかかわらず、クレーマーのような行動に、指導に行った清掃職員からは驚きの声があがった。指導を受けた腹いせに電話したらしいが、疑問があるならば、その場で聞いてほしい。筆者はこの苦情に非常に落胆したし、清掃職員を見下しているようにも思えた。

「取り残しがある」という苦情

最も多いのは、「取り残しがあるので、もう一度取りにきてほしい」という苦情である。収集をし忘れたケースもないわけではないが、ルールで定められた時間より遅く出して収集に間に合わなかった場合や、可燃ごみ・不燃ごみ・資源を一緒にして出したために残された場合もある。こうしたケースでは、住民が自らの非を認めて頼んでも、要望は受け入れられない。公平性を担保するために、特定の場所だけ何度も収集するわけにはいかないからだ。そこで、清掃センターに連絡して落ち度を認めさせ、収集に来てもらおうと考える。

こうした苦情については、いったんは相手を信用して話を聞きながら、どこの集積所に何個のごみ袋がどのような状態で置かれているのかを確認していく。嘘をついていれば、徐々に辻褄が合わなくなる。すると、当初の主張からずれて、「取った後に出されたのかもしれない」「通りすがりの人が置いていったのかもしれない」などと変わっていき、最後は「とにかく取りにきてほしい」という要望に行き着く。

嘘かどうかは確認で分かるが、尋問ではなく、住民サービスなので、「確認しにいきます」と述べ、部下へ指示を出す。住民が嘘をついている可能性が高いことが分かっていても、寛大に受けとめている。

筆者は「可燃ごみが三袋残っている」という苦情があった現場に同行したことがある。実際には四袋あった。ごみがごみを呼んで増えたのかどうかは分からない。可燃ごみ・不燃ごみ・資源・粗大ごみが混在しており、これでは収集者が残していかざるを得ないと思われた。注意喚起のシールが貼られていないから、車付雇上が収集にあたり[(9)]、ごみと資源が混在していたために残していったのだろう。ともあれ、統括技能長からの指示であるため、残されていたごみを軽小型車に積み込み、東センターへ持ち帰った。

対応を終えたので、苦情通報者に報告するかと思いきや、それは行われなかった。苦情内容と相違していたことを報告しても、またトラブルが生じるかもしれないし、通報者の要望は満たされたので、あえて連絡をしないと判断したのである。出した人が特定できていれば引き取りを拒否できるが、このケースでは断定まではできないという判断もあった。また、いうまでもないが、収集したほうが街の清潔な環境を維持できる。

住民エゴの抑制による清掃行政の効率化

現場対応の指示を受けた軽小班には、葛藤が生じていたと思われる。明らかに後出しか残置

(9) 新宿区では、車付雇上に注意を促すシールを渡していない。

であると判断されるため、電話対応時にルールどおりに「本日は収集できない」と断ることもできた。にもかかわらず、「取りにいく」という統括技能長の判断に対して、腑に落ちないものがあっただろう。組織だから上職の指示で部下は動くが、自発的・意欲的ではなく、受身的な対応になる。

同時に、「ルールに従わせるべき」と正論を唱える部下に対して、大局的な視点から、白黒はっきりしない指示を出したことについて、上職は心を痛めていることであろう。クレームを受けて指示する立場、クレームを現場で処理する立場の双方ともに、ややもやした想いをかかえながら、対応している状況が見え隠れする。

このような住民エゴに基づく苦情は、日常的に寄せられている。清掃職員は住民に対して受け身の立場である。決して高圧的に対応せず、なるべく事を荒立てないように収拾しようと努力する。だが、住民エゴは清掃職員を困憊させ、労力をいたずらに浪費させている。現業部門を効率化するというのであれば、非効率な行動を強いる結果になる要素を排除していくべきであろう。住民エゴの規制策が求められている。

有効な対応ができないケース

巡回にあたっては、ふれあい指導班の担当者数名が二台の軽自動車に乗車し、これまでに苦情対応したリストを見ながら、その現場の状況を確認してまわる。その際に、各集積所の状況も目視確認し、出されたごみの種類、数、量を把握する。車上からでもある程度分かるようで、確認の速さは目を見張る。目にあまる場合は車を停め、破袋調査を行う。名前が特定されれば訪問して注意を喚起し、特定されない場合は状況によってシールを貼って改善を促す。

また、クレームに発展しそうな集積所を見つけ、電話に対応する技能長に報告している。苦情を受けた際に、行政側がすでに事態を把握して対応しようとしていると伝えるだけでも安心感を与え、信頼関係を構築できると考えているからだ。

このように行き届いた対応をしてはいるものの、すべてのクレームを改善できているわけではない。筆者が同行した例を挙げよう。「新設マンションのごみボックスからごみがあふれ出し、迷惑している」というクレームが再度寄せられた集積所である。

現場を確認したところ、マンションの大きさに比して小さなごみボックスしか設置されていない。これでは、居住者が一斉にごみを出せば、あふれるにちがいない。あふれたごみは、近隣の集積所に持ち込まれているという[10]。このときは、ごみボックスの中に捨てられた大きなぬいぐるみを取り出してスペースをつくるしかなかった。

この集積所に対して、行政側は有効な対応を行えていない。「マンションには集積所を設置す

---

(10) 清掃行政では、集積所の利用者を制限していない。たとえば、マンションの集積所に付近の住民がごみを出しても、問題としていない。

る」という規定はあるものの、ごみボックスの大きさまでは定められていないからだ。何度も現場を巡回し、写真に撮って管理会社に状況を伝えたうえで、ごみボックスからごみがあふれ出さない利用方法の検討か、大きなごみボックスへの変更の検討をお願いするしかない。

迷惑を被っている近隣住民からは、「マンションを建てたのであれば、敷地に保管庫を設け、全量が収まるようなごみボックスを設置するのが筋ではないか」という声が寄せられている。おそらく、建設時にも迷惑をかけていたようで、苦情申立者は多少なりとも感情的になっていると推測された。

苦情対応を契機とした清掃行政への参加者の醸成

ふれあい指導班の担当者によると、清掃行政に対する不満が蓄積されて爆発したクレームには、対処しだいで清掃行政の「味方」となってもらえる場合もあるという。怒りを真摯に聞き取り、原因を分析してできるだけ対応し、毎日巡回して改善状況を確認する。現場では苦情申立者に積極的に声をかけ、できることとできないことを説明し、相互理解を深めるように心掛ける。すると誠意が伝わり、苦情申立者は清掃行政への理解を示し、しだいに協力的になる。

典型的ケースでは、集積所の掃除を始める。小さなトラブルは、清掃事務所に依頼せず、自らが主体となって解決するという。たとえば、次のような例が考えられる。

近隣住民との話し合いの結果、自宅の前を集積所とした。ルールどおりに分別し、指定された曜日に出されていたが、近くに新駅ができ、通勤途上でこの集積所にごみを出す人が現れだした。しかも、分別されていない。収集されずに残されたごみから異臭が漂い、風向きによっては室内まで臭いが入ってくる。注意を促す貼り紙をしても、いっこうに改善されない。我慢も限界となり、清掃センターに「何とかしろ」と電話を入れた。

この場合は、苦情申立者に真摯に対応すれば、清掃事業のよき理解者に変わると思われる。ふれあい指導班はそのことをよく理解し、「ピンチをチャンスに変える」実践を行ってきた。苦情に対して可能なかぎり対応しながら、継続した現場巡回によるフォローで再発防止に努め、清掃行政のパートナーを増やしていく対応を積み重ねている。これは一般的な苦情処理のお手本のような手法である。

巡回に同行している途中、そうしたケースに遭遇した。それは、資源の収集忘れや収集状態について清掃センターに苦情を寄せてきた住民が、清掃職員の真摯な説明で現状を理解し、集積所に散乱した資源の袋を見栄えよく並び替える作業を炎天下に行う姿である[11]。彼女は自発的に清掃行政に参加していた。

清掃事業においては、住民の協力なしには快適な環境の維持が困難で、さまざまな主体の参加の有無が成果を大きく左右する。徐々にではあるが、大都市の清掃を行政のみならず住民も担っていくという形が清掃職員の努力によって形成されつつある。

7 檜舞台の裏で

新宿区政の檜舞台

新宿区長は二〇一七年の年頭挨拶で、新宿区政について、おおむね以下のように述べた。

新宿区では、「暮らしやすさ」「安心・安全」「賑わい」の三つのキーワードに基づいて、さまざまな取り組みを進めている。二〇一六年度の取り組みを紹介する。

①暮らしやすさの向上

福祉サービスの充実を目指し、区内の公有地を活用して特別養護老人ホーム、小規模多機能型居宅介護施設、認知症高齢者グループホームを整備した。障がい者サービスでは、重度の知的障がいと肢体不自由が重複した状態で在宅生活を送る者の家族を支援するために、重症心身障害児等在宅レスパイトサービスを開始した。一方、子育て支援では、さらなる待機児童解消対策を実施するとともに、子どもの急な病気に対応する新宿平日夜間こども診療室を開設した。

②安心・安全

客引き防止条例に罰則規定を盛り込み、新宿区安全安心パトロール隊を導入した。また、快適な歩行空間を確保するため、路上等障害物による通行障害防止条例を施行し、繁華街の路上に置かれた看板や商品陳列台などを除去できるようにした。

③賑わい

自転車シェアリング事業を開始し、区内一八カ所に自由に乗り降りできるサイクルポートを

(11) 彼女が資源の収集について寄せた苦情は、新宿区の資源回収の複雑な委託形態に起因する面もある。新宿区の資源回収は大きく、①古紙、②容器包装プラスチック、③びん、缶、ペットボトル、スプレー缶・カセットボンベ・乾電池に分類される。③については種類ごとに中身が見える袋に入れて出すことになっているので、収集現場に六種類の資源の袋が置かれる。これらの回収はすべて業者に委託しており、①は古紙回収業者、②は東京環境保全協会、③は清掃業務の区移管前から委託していた業者が回収する。③については、びん、缶、ペットボトルを同時に回収する業者もあれば、びん、缶のみを回収する業者、ペットボトルを専門に回収する業者もあり、それらが地区ごとに異なる。集積所には最低でも三業者が回収にきて、自らの担当分のみを回収する。したがって、集積所にそれぞれの袋が「歯抜け状態」で並び、散逸することもある。また、ルールを無視した②と③が混在する袋は回収されず、放置される。こうした回収方法であるため、彼女は散乱した資源の袋を並べていたのである。また、委託業者によるため、回収し忘れの苦情に対する事実確認は非常に難しく、説明は至難の業である。収集コース、収集時間、人員配置、配車台数はすべて業者の裁量に任され、業務途上なのか完了状態なのかの把握がすぐにはできない。作業員と運転手を日雇いで集めるという自転車操業で対応している業者もあり、その日その日で収集時間もコースも変わるため、何時に回収に来るか把握できない。住民の苦情に対しては仕組みを説明し、最後は頭を下げることになる。

設置し、都市の回遊性を高めて、国内外からの来街者が街を楽しめるようにした。また、九カ国対応の観光案内所を新宿駅東南口広場近くにオープンした。

こうした実績を踏まえ、区政三年目となる二〇一七年度は、区民サービスの向上を図り、さらなる暮らしやすさ、安心・安全、賑わいが実感できるまちづくりをしていく。

①暮らしやすさ

ウォーキングなどを通じて健康づくりをよりいっそう身近に感じられるようにする。地域包括ケアシステムでは、認知症高齢者や介護者をいっそう支援するために、在宅医療ネットワークの構築や地域ケア会議における医療と介護の連携強化を図る。また、待機児童解消対策、貧困対策、女性や若者が活躍できる地域づくり、生活困窮者の自立支援に力を注ぐ。

②安心・安全

建物の耐震化や不燃化を推進し、新宿の高度防災都市化と安心・安全の強化を行っていく。また、木造住宅密集地区を対象に大規模地震発生時における火災対策として、感震ブレーカーの設置、助成制度や普及啓発の方法について検討を進める。

③賑わい都市・新宿の創造

新宿駅周辺の整備や新宿通りのモール化に向けた社会実験の実施、ユニバーサルデザインの視点に立った観光案内標識の整備、ターミナル駅への新宿フリー Wi-Fi の整備を行っていく。

さらに、新たな総合計画を策定する。新宿区の将来を見据え、①暮らしやすさ一番の新宿、

②新宿の高度防災都市化と安心・安全の強化、③賑わい都市・新宿の創造を柱とし、これらを下支えする④健全な区財政の確立、⑤好感度一番の区役所を推し進め、「『新宿力』で創造する、やすらぎと賑わいのまち」の実現に向けて取り組んでいく(12)。

これらの施策や事業は、区政の重点的プロジェクトに位置づけられている。そこには、前例のないなかで調査や議論を重ね、知恵を出し合って、実現に向けて挑戦する職員の姿が想像できる。まさに檜舞台の上で活躍する公務員であり、成功を収めれば、「スーパー公務員」と言われるかもしれない。そのときの苦労話が地方自治関連の雑誌に掲載されるかもしれない。

檜舞台を支える清掃部門と清掃職員

一方、清掃事業については年頭所感で一言も触れられていない。一〇分という時間的な制約から、力を入れる事業のみを取り上げたのであろう。また、清掃事業は日々の業務をきちんとこなすものであり、話題性に欠け、目玉とはなりえない。

しかし、取り上げられた重点プロジェクトはすべて、衛生的な環境が維持されているゆえに滞りなく展開できる。ウォーキングによる健康づくりができるのは、日々の清掃がいきわたり、街がきれいだからである。木造住宅密集地区を対象にした火災対策が講じられるのは、狭

(12) 新宿区HPの「新宿区広報ビデオ」、新春特別番組「新宿区長 年頭のあいさつ」を参照した。

小路地に出されたごみを収集して可燃物を除去するとともに、通行できる状態に保っているからである。新宿通りのモール化が可能となるのは、暖簾に腕押し状態でも、繁華街で清掃指導を果敢に行っているからである。清掃事業は各施策や事業の前提であり、この基礎が構築されていなければ、その上には何も建たないし、建てられない。

このことを踏まえると、重点プロジェクトを遂行して公務員が活躍する檜舞台を清掃職員が裏で支えている構図が浮き彫りとなってくる。そこには、決して表には現れない清掃職員の清掃への思い、確固たる使命感、住民への配慮、炎天下での汗、危険と隣り合わせの作業が存在している。

筆者は、こうした苦労を裏から表に出していこうと主張しているわけではない。仕事なのだから、当たり前のことである。ただし、「こうした思いや苦労が裏にあることをよく認識しておくべきである」とは主張したい。その認識をしっかりもって、檜舞台に立つ「役者」は住民のために最大限の力を尽くしてほしい。

第４章 委託の現場

昼休みに倉庫で雑魚寝して仮眠する委託作業員

これまで、清掃職員の一日や数々の実践について、参与観察で知り得たことを記述してきた。この清掃職員は、新宿区の職員（公務員）を指す。

しかし、清掃現場で働いているのは公務員だけではない。現場を見ればすぐに気づくが、公務員とは違うユニフォームを着た人びとがかなり多い。公務員の服より濃く、腕に「東環保」（東京環境保全協会の略称）のワッペンが貼ってある。彼ら・彼らは新宿区の収集業務の業務委託を受けた清掃会社から送り込まれた要員であり、区から指示されたコースで収集作業を行う。

第4章では、業務委託に従事する人びとに着目し、二三区独自の形で運用されている委託の仕組みと実態を述べるとともに、インタビューを通じて彼ら・彼女らの本音に迫っていく。それらを踏まえて、業務委託の推進によって生じている問題を抽出してこう。

1 委託の仕組み

東京二十三区清掃協議会

東京二十三区清掃協議会（以下「清掃協議会」という）は、二〇〇〇年四月の清掃事業の区移管に際して生まれた組織である。地方自治法第二五二条の二の2を根拠としている。地方自治体が共同設置する共通の執行機関であり、固有の役職はもたず、関係する地方自治体の職員が事務を処理する。事務の管理や執行は民法における代理に準ずる効果があり、当該協議会を構成する地方自治体の長などが管理や執行したものとして効力を有する。なお、不法行為などについては、構成団体の連帯責任となる。

清掃事業の移管によって特別区が実施する清掃事業は、①特別区が自らの責任で独自に行うもの、②各特別区間で連絡調整を図ったうえで各特別区が行うもの、③特別区全体で共同で行うもの、の三類型となった。①と②については、各区の自主性や自立性を尊重しつつ統一性を確保するために、連絡調整して効率的に事務を執行する観点から、清掃協議会が設置されている。

清掃協議会が行う事務は、具体的には次の二つに分けられる。一つは、ごみ収集や運搬で使用する雇い上げ車両の請負契約の締結に関する事務を各特別区長の名において一括処理する、管理執行事務である。[1]もうひとつは、雇い上げ車両の各区への配車、清掃車両の架装基準などについて調整する管理執行事務に関して、各区と東京二十三区清掃一部事務組合（以下「清掃一組」という）との連絡調整を行う、連絡調整事務である。[2]

なお、この清掃協議会は法人格を有せず、公式ＨＰも存在しない。職員は清掃一組が兼任し、兼任職員の人件費も清掃一組が負担する。

清掃車両の雇い上げの経緯

清掃車両の雇い上げは、清掃協議会が「社団法人東京環境保全協会」（以下「東環保」という）との間で行う。[3]東環保は、清掃事業を請け負う五一社と浄化槽の清掃を行う一四社で構成された団体である。古くは江戸時代・明治時代にごみやし尿の収集・運搬を請け負っていた業者であり、一九三三（昭和八）年に結成された「大東京清掃事業組合連合会」が前身だ。清掃協議会が東環保と清掃車両の雇い上げを行うのは、以下の経緯による。

①清掃事業の特別区移管に向けての準備が進み出した一九八六年二月の都区協議会で、「雇上会社の選定にあたっては、これまでの歴史的沿革を十分尊重し、現行方式を継承するものとする」ことが了承された。

②清掃事業の円滑な運営を図ることを基本的な考え方として、一九九四年九月の「都区制度

改革に関するまとめ」で、「特別区が清掃事業を実施する場合にも関係事業者が引き続き営業が継続できることを目的として、関係事業者とのこれまでの協議を踏まえて取りまとめている」と、特別区における清掃事業の実施に伴う関係事業者（雇上会社）への対応が記載された。

③区移管を前にして、これまでの路線に変化はないことを確認する意味で、二〇〇〇年三月一日に「清掃事業の特別区移管にあたっての関係事業者（雇上会社）に関わる覚書」を東京都知事と特別区長会会長とで交わした。そこでは、清掃協議会が「過去の実績等を踏まえて」事業者を選定するとしている。

④「過去の実績等」については、一九九四年一二月の東京都清掃局長・東京環境保全協会会長・東京都環境衛生事業協同組合理事長の三者による「確認書」に、「雇上業者がこれまで都と雇上契約を締結し、都の清掃事業に果たしてきた役割や実績などを意味する」と記載されて

（1）「管理執行」とは、ある事項の内容を管理執行すれば、結果として地方公共団体が管理し執行したものとして効力を有するということである。したがって、協議会による契約の締結は、各区長が行ったことになる（松本英昭『新版　逐条地方自治法　第八次改訂版』学陽書房、二〇一五年、一二四一ページ、参照）。

（2）「連絡調整」とは、その結果が直ちに法的拘束力を生ずるものではなく、連絡調整の成果に基づいて関係する地方公共団体がとった行動によって初めて一定の法的効果が生じるものである（前掲（1）参照）。

（3）会員の清掃事業者は、東京環境保全協会のＨＰに掲載されている。http://www.toukanpo.or.jp/company_list/company_list_members.html

図５　雇上・車付雇上の手配の流れ

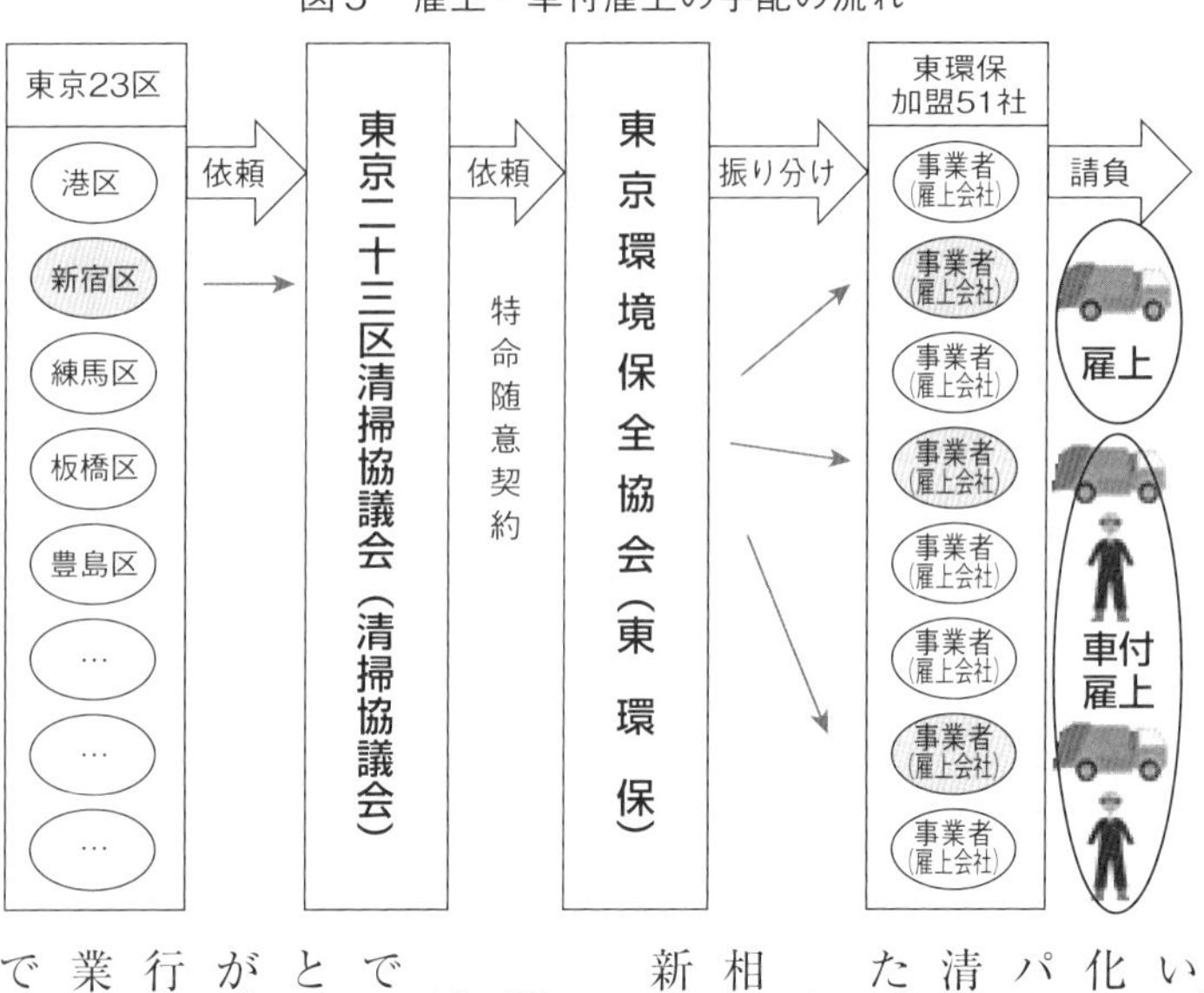

いる(4)。具体的には、雇上会社は清掃事業の近代化・機械化・車両整備の強化に努め、東京都のパートナーとして機能してきており、東京都は清掃車両の雇上契約を毎年雇上会社と結んできた。

なお、この契約は、特定の一者のみを契約の相手方とする「特命随意契約」となっており、新規事業者は参入できない。

雇上と車付雇上

清掃車なしに収集業務は行えないから、自区で不足する台数は雇い上げる。それを「雇上」と言う。この仕組みによって清掃車両と運転手が手配でき、区の作業員が乗務して収集作業を行う。これは、全国的にみても二三区特有の作業形態である。なお、雇上する会社という意味で、清掃会社は「雇上会社」とも呼ばれる。

また、車両だけでなく作業員も付けて雇上会社から配車を受ける形もある。これを「車付雇上(しゃつきじょう)」と言い、現場では簡略化して「車付」と言われる。本来は火災や引っ越しなどで生じる臨時ごみの発生に対応する手段であり、東京都が清掃事業を所管していたときから存在していた。区移管後は、退職者不補充による人員削減の代用手段として使われ、恒常的に活用されている。(5)

雇上や車付雇上を手配する流れを、図5に示した。各区は雇上や車付雇上の必要分を清掃協議会に依頼し、清掃協議会が取りまとめたうえで、対応窓口になる東環保に必要台数を依頼する。東環保は加盟する雇上会社に業務を振り分け、決定すれば、区と雇上会社が直接契約を結ぶ。

(4) 大東京清掃事業組合連合会が結成された三年前の一九三〇(昭和五)年に「汚物掃除法」が改正され、し尿くみ取りが市の義務となり、四年の猶予後の一九三四(昭和九)年に市営化される。一方、それまで自由営業であったくみ取り業は、一九三三(昭和八)年に許可営業に切り替わり、警視庁で証書が交付されるようになった。市営化後は市職員による「直営」、業者委託による「請負」、従来からの「農民くみ取り」が存在していたが、し尿業者はこれまでの営業権が侵害されたため、帝国議会に営業保証を請願し、採択される。市は清掃組合連合会会長に対し、「現業者は東京市に対し重大なる欠点のないかぎり作業は永久に請け負わせる」旨の文書を交付し、事業者の営業権が確立された。この文書は戦災で焼失したが、清掃事業の区移管にともない交わされた覚書に基づいて、現在は契約がなされている。

(5) これは、区と雇上会社で結ばれる契約書の中に、「荷積荷卸作業員」を付けて車を供給することが可能である旨の一文が入っているからである。

び、車や人が送り込まれる。各区にとっては、どの会社と契約を結ぶのか当初は分からず、希望する会社が割り当てられない場合もある。また、割り当てられた会社の作業員がミスを多発しても、その会社をはずすことはできない。

なお、車付雇上は区の職員が現場で一緒に作業を行わないので、業務を委託する形となる。そこでは、業務の完成を目的とした請負契約が結ばれているため、雇上会社は受託した業務の「結果」に対して責任を負う。それゆえ、現場で作業する労働者の管理責任の所在を明確にする目的から、現場では発注者(各区の職員)は受注者(車付雇上の作業員)に対して、作業上の指示を与えられない。仮に指示を与えれば、「偽装請負」となる。

したがって、依頼する区は委託する収集現場を手放すことになり、ブラックボックス化が進む。リアルタイムで現場の状況が把握できず、どのような作業が行われているのかも分からない。偽装請負を生じさせないために、清掃職員と車付雇上との間に目に見えない微妙な壁ができる。コミュニケーションをすれば、指示の要素が含まれることもあり、会話が進まない。休憩中もそれぞれがグループ化していくようで、同じ仲間にはならない。

労働者供給事業

雇上や車付雇上は雇上会社から送り込まれるが、そこで働く人たちは必ずしも雇上会社の社員(正社員、非正規社員)というわけではない。労働者供給事業によって雇上会社に派遣されたうえで収集現場に送り込まれる割合が、約九割にも及ぶ。労働者供給事業があるから二三区の清掃が円滑に動いていると言っても、過言ではない。

労働者供給事業は職業安定法に定められており、労働者派遣法による派遣とは異なる。(6)

職業安定法は第四四条で、「何人も、次条に規定する場合を除くほか、労働者供給事業を行い、又はその労働者供給事業を行う者から供給される労働者を自らの指揮命令の下に労働させてはならない」と規定し、労働者供給事業を禁止している。これは、同法が制定された一九四四(昭和一九)年当時に横行していた強制労働や、中間搾取を目的とした労務請負供給事業・営利職業紹介事業を禁止する目的で、定められた。

ただし、第四五条では、「労働組合等が、厚生労働大臣の許可を受けた場合は、無料の労働者供給事業を行うことができる」とされており、労働組合等が行う場合は認められる。これは、労働者の利益を追求する労働組合ならば、中間搾取を行ったり強制労働をさせたりしないという理念に基づいている。

(6)「供給」も「派遣」も、自己の管理下にある労働者を他人の指揮・命令の下で使用させる点では同じであるが、労働者との雇用契約の有無が違う。労働者供給は供給先と労働者との間に雇用関係が成立して指揮命令を受けるのに対し、労働者派遣は派遣元と労働者の間に雇用関係が成立するが、指揮命令は労働者が派遣先から受ける。

この第四五条に基づき、二三区の清掃事業に関わる雇上会社に労働者供給を行っている主な労働組合には、「新産別運転者労働組合」(以下「新運転」という)と「日本自動車運転士労働組合」(以下「自運労」という)がある。これらの組合員になることによって、労働組合と協約した会社に派遣され、就労できる。たとえば、ごみ収集車、ミキサー車、タクシー(個人タクシーを除く)、選挙カー、マイクロバスなどの運転手である。また、ごみや資源収集の作業員、自動車助手(引っ越しなどのトラック助手、駐車対策の助手、旅客車保安要員)、交通誘導警備員、事務員も供給する。[7]

なお、清掃事業が移管された当初は、東環保が「(株)東環保人材派遣センター」を設立し、作業員を派遣していた。しかし、当時の労働者派遣法に抵触する脱法行為を繰り返したため、[8]厚生労働省東京労働局から是正指導を受け、派遣事業を廃業。現在は、主に新運転と自運労によって行われている。

労働者供給事業による就労者の待遇と三保適用問題

派遣される人びと(就労者)は日雇労働者となる。その待遇について、新運転のHPには以下のように記載されている。

「雇用保険・健康保険については、供給先の企業が責任をもって就労する組合員に適用しなければなりません。年金については、日々使用の関係に対応する特別な制度はありません。従って、使用関係にある各組合員は、国民年金への加入となります」

「組合独自の年金制度はありません。従って、各組合員は国民年金に加入することになりますので、各自で申請等の手続をお願いします。また、個々の組合員の年金に関する情報は、組合では把握しておりませんので、年金事務所へお問い合わせください」

「日々雇用の健康保険印紙を企業側が購入しております。健康保険手帳にその印紙が一日単位で貼り付け、割印されていますので（供給先企業によって）それにより医療機関を受診できます」[9]

また、就労者は日雇いだから、仕事がないと職業安定所が認定した場合には、一日単位で「日雇労働求職者給付金」（通称「あぶれ手当て」）を受給できる[10]（ただし、二カ月で二六日以上の就

（7）新運転東京地本のHP、「供給職種（主なご利用範囲）」を参照。http://www.sinunten.or.jp/job/

（8）労働者派遣法は一九八五年に成立し、その後改正されていった。二〇〇三年の改正では、派遣受け入れ期間が一年に制限されていた業務が最長三年まで可能となるなど、派遣受け入れ期間が延長される。その後、当該派遣労働者を雇用する場合は、直接雇用の申し込みをしなければならないとされた。しかし、東環保人材派遣センターは、三年が経過しても一時的にアルバイトに転換させるなどでつなぎ、継続して派遣労働者として雇用していた。

（9）新運転のHP「よくある質問と答え」を参照。http://www.sinunten.or.jp/faq/

（10）タクシー就労者は除かれる。

労が条件なので、受給できるのは組合加入後三カ月目から）。これを「あぶれをもらう」という。金額は、就労する賃金の額に応じて、七五〇〇円、六二〇〇円、四一〇〇円だ。

就労者は、雇用保険被保険者手帳を作成する。一日ごとに仕事が終わると供給先企業から印紙（雇用保険印紙・健康保険印紙）を受け取り、手帳に貼り付け、割印を押してもらう。仕事がない場合は組合が不就労証明書を発行し、雇用保険被保険者手帳と一緒に職業安定所に提出し、一日単位で受け取る。

また、新運転のＨＰによれば、供給先の企業が責任をもって就労者に雇用保険や健康保険を適応し、年金は厚生年金でなく国民年金へ加入するという。[11] しかし、このことに関連して、いわゆる三保（厚生年金、健康保険、雇用保険）適用問題が生じている。

まず、厚生年金[12]については、本来資格が満たされているにもかかわらず、事業者側が保険料負担を逃れるために違法に加入しないケースがあった。厚生労働省は約二〇〇万人が未加入であるとして、保険料負担を逃れているとみられる中小・零細企業を中心とした七九万事業所を調査。[13] その後、朝日新聞社の調べにより、ごみ収集作業員についても要資格者に対して事業者が加入手続きを行っていないことが判明した。[14]

雇用保険については、「あぶれ手当て」の支給をめぐって問題が顕在化した。三一日以上もしくは二カ月続けて一カ月に一八日以上同一事業主に雇用されている場合は、日雇労働者として認められない。ところが、三一日以上雇用されている人にも支給していた職業安定所が存在していたのだ。二〇一四年度は全国で一二労働局の五九職業安定所で受給した二一七三人のうち、六四六人には受給資格がなかったことを会計検査院が調査で明らかにし、厚生労働省に改善を求めた(15)。これを受けた厚生労働省は二〇一六年一〇月に東環保に対して、一一月には新運転や自運労に対して、文書で是正指導を行った。

だが、この問題については、企業側のみならず加入者側にも負担が生じるため、改善の方向には向かっていかない。企業側はさらなる抜け道を見つけようとし、少ない給料の中から保険の掛け金を拠出することに難色を示す労働者もいて、目覚ましい進展は生じていない。今後の動きを注目していく必要がある。

(11) 国民年金の受給額は満額でも月額六万五〇〇〇円(保険料は月額一万六〇〇〇円)であり、年金だけでの生活は非常に厳しい。
(12) 従業員五人以上の個人事業所は、厚生年金に加入する義務がある。正社員はもちろん、労働時間や労働日数が正社員の四分の三以上のパートにも適用される。また、同じ業者に一カ月以上続けて雇われれば、加入条件を満たす。
(13)「加入逃れか七九万社調査へ『本来は厚生年金』二〇〇万人」(『朝日新聞』二〇一六年一月一四日)参照。
(14)「厚生年金逃れ、国想定上回る　厚労省推計「未加入二〇〇万人」」(『朝日新聞』二〇一六年五月三〇日)参照。
(15)「あぶれ手当て六四六人分　条件満たさず支給　職安、計四・七億円か　検査院調査」(『朝日新聞』二〇一六年一〇月一五日)参照。

2 雇上・車付雇上のホンネ

苦労したインタビュー

新宿区の職員側の立場で参与観察した際、雇上や車付雇上の労働者と親しくなることはなかった。雇上の運転手とは作業中に多少会話したが、委託作業員は清掃職員の控室やロッカールームに入らない決まりなので、自ずと会話をする機会は限られる。多少の待ち時間も清掃職員と委託作業員は別々のグループを形成している。

したがって、すぐ近くにいる委託作業員や運転手へのインタビューは苦労した。貴重な休憩時間である昼休みや短い待ち時間に話しかけ、その場で話を聞くことがほとんどであった。ここでは、その声を紹介していきたい。ただし、個人が特定される可能性がある点については記述を避けた。

これらの声からは、業務へのモチベーション、意思、取り組み姿勢などが浮かび上がってくる。清掃職員の思いとは対照的なドライな感覚も浮き彫りになる。なお、すべて仮名で、年齢は推定である。また、必要に応じて、カッコ内で意味を補足した。

作業員の生の声

①清掃の仕事に従事できて幸せ――岩元明さん（六〇代）

警備員から清掃業界に入りました。清掃のほうが収入が良く、行政の後ろ盾があるので潰れることがない。組合（新運転）に入っていれば仕事が割り当てられ、最低限の生活ができる保証があるので安心です。警備員は明日の仕事があるか分からない状態でしたが、いまは明日のお金を心配しなくてすみます。清掃の仕事に従事できて幸せです。

困っているのは、自分の勤務シフトはさまざまな清掃会社に派遣される変動型のため、担当する現場が次々と変わっていくことです。また、毎年四月から翌年三月までの契約なので、翌年の契約がどうなるのかが（直前まで）分かりません。とはいえ、どんな仕事でもやりにくい点はいくらもあるので、いまの仕事に不満はありません。

区民からの視線はかなり感じるし、すぐに苦情がくるので、しっかり業務を遂行しています。区民へのお願いですか？　三つありますね。まず、ごみ袋の口をよく縛ってほしい、次に、常識的に収集できないものは出さないでほしい。そして、布団を可燃ごみで出さないでほしい。とくに、布団については可燃ごみで収集する作業員がいるようで、区民から「なぜ今回は持っていかないのか」と迫られた経験があります。

②自由はあるけど将来は不安——浅田ひとみさん（二〇代）

親も清掃で働いていて、たまたま仕事を辞めたタイミングで勧められました。身内や知り合いが労働者供給事業に従事していないかぎり、このシステムは分からないでしょう。ほとんどの区民は、新宿区が私たちを雇用していると思ってるんじゃないかな。私は自運労に登録し、いまの清掃会社に派遣されています。

作業員として車付雇上で来ているので、清掃職員さんとの接点はありません。でも、しゃべりかけてくれたり声をかけてくれたりする方もいて、とても助かってます。最初は名前も分からなかったけど、一年以上たったいまは誰に聞けばよいか分かってきました。班長さんには気にかけてもらえるし、ふれあい指導班の方にも気にしてもらってます。

新宿区の住民は良い方が多く、収集作業中に「お疲れ様」と言われたり、あいさつしてもらえたりします。でも、車付雇上ではどうしようもないことを尋ねてこられるときは、「清掃事務所にお尋ねください」と返さざるを得ません。できるかぎりの対応は試みますが、ルールに則らざるを得ないところは心苦しいです。区民には「冷たく対応された」と思われるかもしれないけれど、丁寧に言うしかありません。

可燃ごみの中に不燃ごみが入っていた場合は、全体の二割程度までなら収集し、蛍光灯、ライター、ガス缶（スプレー缶）系は発火するので残しています。判断が難しいときは、事務所に電話して質問します。他の会社は積み込んだり残置したり、さまざまです。区によっても方針がまったく違います。「絶対に収集しないように」と指示する区もあれば、残置して連絡を入れると指導班が後処理を行う区もありました。

新しい区に入る前には、業務についての全体的な研修を受けます。元職員（技能長）が映像を交えて研修してくれました。区ごとに違う細かい点は、先輩から教わります。その先輩も、前に（収集車に）乗っていた先輩から聞いたようです。

収集中は、（ごみの）汁が飛んで（住民に）迷惑をかけないように、細心の注意を払っています。自分の業務に関する知識はありますが、清掃の今後までは考えていません。そのあたりは、一カ月に一回くらいの研修があれば変わるのかもしれません。でも、たいして変わらないのかも。

苦労は特別ありません。収集作業以外の時間は自由ですし。ただ、休憩中は休むところがないので、真夏は喫茶店で涼んでます。家が近いので、会社のシャワーは使っていません。女性は最初は二人でしたが、いまは運転手も含めて四～五人はいます。

区の採用試験があっても、受験するかは分かりません。清掃職員の方は他の方との調整で休みが決まるため、休みが取りにくく、自由でないようです。現在は、清掃会社に言えば、ある程度休めますから。

ただし、いまの仕事は先が不安定なので、不安はあります。それに、若い人が入ってきにくい構造だと思う。また、社員にはなれないので、若い男の人は保証がしっかりした会社のほうが良いでしょう。他の派遣の仕事に比べると収入は高いから、単発的に仕事をするならいいけど、将来を見据えて働くのであれば、保証があったほうがいいじゃないですか。

③若者のニーズを満たす職――島田孝雄さん(二〇代)

この業界に入ったきっかけは、つなぎです。国家資格を取得したので独立しようと計画しており、それまでのつなぎとして働いています。若い人の中には、(将来)どうしたらよいか迷っている人もいるし、自分のように夢を実現するまでのつなぎとして従事している人も結構いますよ。他の仕事に比べてラクに稼げるという点で、いい仕事だと思います。日当一万円もらえますから。その意味では、抜け出せなくなる仕事でもあります。

就労形態は、自運労から清掃会社に派遣される日雇いで、今日のメンバーはほとんど同じです。ずっと同じ清掃会社に派遣される人もいれば、いろんな会社に派遣されている人もいます。たまに清掃会社の正社員になる人がいるけれど、基本は日雇いです。

正社員と日雇いの待遇差は歴然としており、正社員は厚生年金に加入できるが、日雇いは国民年金を月々払っています。労働組合が「一八日以上勤務させるのであれば、正社員として雇わなければならない」と言って、交渉しています。厚生年金の加入についても交渉していますが、保険料を引かれると実入り(収入)が少なくなり、不利だと考える人もいますね。

日雇いで家族を養うことは難しいと思うけど、一人で生きていくのなら大丈夫。また、いまは人手不足なので、何か問題を起こさないかぎり、辞めさせられることはない。清掃会社は同じ人に同じ現場に行ってほしいので、いきなり仕事がなくなることはおそらくないでしょう。

労働者供給事業での派遣は、届けを出せば休ませてくれるところがほとんどです。就職活動をして内定が取れたときは、一カ月前までに辞表を出せば、引き止められることはありません。だから、若者のニーズを満たす職となっています。学歴は問われず、誰でも参入できるし、待遇も良いから、やる人が多い。それでも、慢性的に人が足りていない状況です。

職場では、清掃職員と雇上の間に見えない壁が存在すると思います。と言っても、委託の側から清掃職員を見ても、何とも思わない。「我関せず」じゃないかな。

それより、住民からのクレームのほうが腹立たしい。今日は二カ所の集積所の取り残しについてクレームが寄せられたと聞いています。作業が終わって一〇分後ぐらいに東センターに電話があり、「一袋残して走り去った」と言われたそうです。小さな集積所で電柱の後ろに残すというのなら分からなくはないけど、大量に出される大きな集積所で一袋だけ残して走り去るわけありません。しかも、作業員二人で確認し合って収集しています。でも、クレームに対しては、「すみません。取ったはずなんですけどね」と言うしかない。

就業中は、ごみから飛ぶ水分がかからない位置にいるように心掛けています。かかった場合は、諦めている人が多い。清掃車の中は狭いので、できるだけ荷物を持たないようにしています。だから着替えがないので、そのまま作業を続けることになる。

通行人にはかなり配慮しています。以前ある区で仕事していたとき、「霧状のものがかかり臭いが取れない」というクレームがありました。記録されている映像で確認したところ、収集中に車と壁の狭い場所に無理に入ろうとして、かかってしまったようです。「いちゃもん」とも言えますが、清掃会社の責任者が謝罪しました。クレームを寄せた人は、委託の作業員というところまでは分かっていなかったようです。ただ、清掃車を見て、「私たちの税金で給料が払われている」という認識でした。

委託化が進めば、誰でも簡単に仕事を手に入れるチャンスが広がるのでありがたい。直営になれば、自分たちの行き場がなくなります。また、時間的に余裕がある仕事なので、働きながら勉強して資格を取得し、就職につなげられます。でも、全面委託になることはないでしょう。大きな清掃会社が母体となって、地区ごとの収集について配車の調整を行う区もありますが、新宿区では収集ルートは清掃職員さんがつくっています。

④委託のほうが直営職員より作業が大変——木本淳さん(二二)

一六歳のときに清掃業界に入り、いま二二歳です。知人の紹介で、何もわからないまま入りました。一日一万円で一カ月に二四万円稼いでいますが、給料は上がらず、ボーナスもない不安定な職なので、板金業への転職を考えているところです。

以前は違う清掃会社で働いていました。会社ごとに方針が違います。賃金は同じですが、作業に関しては「走らずに、歩いて収集する」「ケガをするので、夏でも腕をまくらない」など、清掃会社ごとに指示が異なるのです。また、ダメな清掃会社の評判はすぐに広がります。

　新宿区に従事することになったとき、区のごみ出しのリーフレットは読みませんでした。清掃会社による研修もありません。業務についての知識は、現場で作業員同士の打ち合わせで学びます。口頭で説明を受け、そのとおりにやってきました。住民から出し方について質問された場合は、簡単なことには答えるけれど、基本的には「清掃事務所に確認してください」とお伝えしています。そう指示されたわけではありませんが、住民からはすぐにクレームがくるため、こみいった内容には答えないようにしています。

　可燃ごみの中に不燃ごみや資源が混ざっている場合、マニュアルはないので、見た目で判断し、不燃ごみが三割あれば収集しません。区から注意喚起のシールはいただいていないので、不燃ごみを置いていくと、後から苦情がくることが多い。新宿区は、委託(業者)に注意喚起のシールを持たせてくれません。

　また、明らかに資源だと思われるダンボールの束を置いていったところ、清掃事務所にクレームの電話がかかってきて、後で積むように指示されたことがあります[16]。一方、可燃ごみの中

(16) これは筆者も当初悩んだ。可燃ごみの日に集積所に出していれば、可燃ごみとして扱うようにした。排出者が資源とみなしていないからである。

に多少のびんや缶があった場合は、積み込んでいます。委託には裁量がないので、どの程度まで融通を利かせてよいのか分からない。よく分からなければ、積むことにしています。考えすぎると、よけいにややこしくなりますから。

収集中に、何度もやくざ(反社会組織)に絡まれました。たとえば、片側三車線の道路に面したマンションの前に車が違法駐車していたので、二車線目に停めて収集したときです。次の集積所に行ったら、横に車を着けられ、「邪魔なんや!毎回、毎回」と怒鳴られました。清掃工場に向かう高速道路で、黒いベンツに囲まれ、窓から身を出して「どけ!どけ!邪魔や!」と言われたこともあります。集積所の前に停まっていた車に移動をお願いしたときは、逆切れされ、「お前らが何とかせい!」と言われました。他の区で収集中に同じようなことがあり、我慢できずに「どかせと言っているだろ」と怒鳴ったこともあります。

昼(休み)は居場所がないので、駐車場の隅にマットを引いて寝ている。一年中、同じところです。夏は大きな扇風機をつけて、冬は寝袋に毛布を掛けて。昨日は、起きたら震えがきました。休憩場所を用意してほしいとお願いしたことはあります。でも、「清掃会社で部屋を借りるように」と言われました。会議室を貸してくれる区もありますが、東センターは貸してくれません。

収集していて、直営の現場のほうが収集する量が少ないと感じます。一コースが委託の半分ぐらいなのではないか。委託が取って(収集して)いるところは距離が長く、ごみが多い。職員さんの現場が委託にどんどんまわってきているように思います。搬入先の清掃工場についても、近いところは職員さんが行き、遠いところは委託にまわしているのでは。[17] これらについては、ほかに思うことも含めて、職員さんと飲みにいく機会にざっくばらんに話しました。その方は委託の立場になって考えてくれます。

⑤委託に求められているのは定型業務だけ——田口公夫さん（四〇代）

この七月に設備関係の仕事から転職しました。四〇歳を過ぎると転職先がなかなか見つからなかったけれど、ごみ収集の業界は不況がないようで、快く迎えてくれ、契約社員として働いています。派遣はいつクビを切られるか分からないので、社員として就職しました。いずれ運転手になる予定で、そのために作業を経験しておきたいという気持ちから、作業員をしています。

派遣より社員を増やそうというのが清掃会社の方針。作業員とドライバーを募集しています。契約社員はボーナスが出て、福利厚生は正社員と同じですが、退職金はありません。走れ

(17) 新宿区には清掃工場がないため、多少遠方となる新江東、中央、港、品川清掃工場への搬入を割り当てられる傾向にある。たまたま最寄りの豊島清掃工場が割り当てられたときに職員の車が搬入したため、そのように感じたものと思われる。

なくなったり作業ができなくなったりなどがないかぎり、クビにはなりません。

でも、契約社員は、派遣の人から「羨ましい」とは思われていないようです。それは、派遣のほうが契約社員より給料が多いからです。運転手は一万七〇〇〇円もらえます。また、清掃会社の都合で「明日休んでください」と言われれば、あぶれ手当てが支給される。「あぶれがもらえるから満足」と言う人もいますが、自分の思うようになるわけではありません。清掃会社の都合で前日に言われます。一方、当日あてにしていた人が何らかの事情で来なかった場合に備え、新運転や自運労では「窓口」があり、すぐに派遣できる人を待機させている。その人たちを「窓から来た」と言っています。

清掃業界に入る前にネットで調べてみたけど、新運転や自運労のことはヒットしませんでした。そのような派遣があることを知ったのは、入社が決まってからです。

今日は運転手二人と作業員一人と一緒に四人でやっていて、皆さんは派遣です。やはり、社員と派遣では考え方が違います。派遣の方々は、保障がなくても割り切り、他の業界よりたくさん給料をもらっているので満足しているようですが、年齢が上がっても昇給はしないし、年金ももらえません。先のことは、あまり考えていないのではないでしょうか。でも、任される仕事が多くても、愚痴を言わずに頑張っています。

私が守るようにしているのは、①取り残しをしない、②事故(作業員の人身事故、通行人との接触)を起こさない、③住民とトラブルを起こさない(言い争いをしない)の三点です。逆に、それ以上のことはやらないようにしています。

入社したころ、新宿二丁目で収集していて、明らかに盗品と思われる鍵束と財布が捨ててありました。交番に届けるべきか迷いましたが、運転手から「何もしなくてよい。余計なことはしないで、置いておけ」と指示されました。収集以外の行為ができるのは清掃職員さんだと思って、仕事しています。ややこしいことに巻き込まれると仕事がまわらなくなり、清掃工場への搬入ができなくなる可能性も生じますから。

収集についてのノウハウは、現場の相方から教わりました。研修はありません。東環保の研修は受けましたが、「公民員」[18]としての意識を高めていくような内容でした。

この業界には、普通のサラリーマンとしては勤まらない人も多いと思います。接遇とか社会常識に欠けていて、住民とトラブルが起こった際に、そういう面が出ることもあるでしょう。とくに、若い人を見ているとそう感じます。

また、清掃会社の要員は立場が弱い。清掃職員に文句を言うのはタブーです。職員さんとはうまく接しています。ただ、定型業務なら委託でよいかもしれませんが、不測の事態に機転を利かした対応ができません。

もっとも、新宿区は委託にそこまでは求めていない。たとえば年末年始のごみ出し案内を住

(18)　東環保が「公務員」にちなんで付けた名称。

民が欲しがったとき、持っていれば渡せて、職員さんの労力が省けると思いますが、そうはできません。委託に求められているのは、地図どおりに収集し、取り残しをせず、事故やケガ、住民や通行人とのトラブルを起こさないということだけだと認識しています。

運転手の生の声

①真面目に業務に向き合っている――上原昌彦さん(五〇代)

もともとは現在派遣されている清掃会社の社員でしたが、月給は残業も含めて手取り三〇万円程度で、家族をもつと苦しかった。雇上のドライバーが日給一万七〇〇〇円ぐらいもらえることを知っていたので、一年間熟考。五年前に清掃会社を辞めて自運労に入り、日雇いとして働くことにしました。いまは雇上や車付雇上の運転手で、月～水曜は新宿区に配車され、木～土曜は「スペア」と言って周辺の区に配車されています。新宿区への配車は一年間で、その後は車の依頼数が毎年変わる影響で、配属先が変わりました。来年も新宿区かもしれないし、そうでないかもしれません。

清掃会社には早朝五時四五分に出社し、派遣される区の清掃センターの場所に合わせて、出発時間を決めています。新宿区の東センターには、七時には到着しています。新宿区では車付雇上の運転手で、早番と遅番は一週間交代です。

日雇いですから、雇用の不安はあります。極端な話、「明日から来なくていい」と言われるかもしれません。そうならないように業務を全うし、区民の方々にご迷惑がかからないように心掛けてきました。ユニフォームは違いますが、一般の人には公務員と思われているので、清掃職員のイメージを悪くしないようにも心掛けています。

また、すぐにクレームが来るため、一つひとつのことに気をつけています。以前、エンジンをかけたまま停車し、ハンドルに足を乗せて煙草を吸っていた運転手がいたようで、勤務態度に問題があるとのクレームが寄せられました。ですから、通勤途上でも休憩中でも、制服を着ているかぎりは、区民の視線を意識しています。制服でのコンビニ入店を禁止している区もあると聞きました。

新宿区では車付雇上となるので配属された清掃会社の人間と仕事しますが、他の区では雇上なので区の職員さんと仕事します。どの職場でも、良い方もおられればそうでない方もおられ、なかには一言も話さない人もいる。やはり、清掃職員さんが乗るときには気を遣います。急ブレーキはかけません。どのようにしたらごみが収集しやすくなるかを考え、集積所に一番近いところで職員さんに降りていただき、取りやすくなるように精一杯配慮しています。

スペアの雇上で入る場合に清掃職員さんに嫌な印象を与えると、「あのスペアは寄こさないでくれ」と清掃センターから清掃会社に連絡が来ることもあります。行く先々で同様のクレームがあれば、その区には行かせてもらえなくなる。こうした緊張のなかで、不安な気持ちで業務を遂行しています。

昼休みの休憩中はエンジンをかけられないので、クーラーを利かせられません。真夏は大変です。清掃センターに停まっているのは早番の車で、遅番は現場の近くで待っていますから。邪魔にならないように場所を考えて停め、汗をかきながら待機するという過酷な状況です。

また、「車付雇上がごみを取り忘れる」という話を耳にしますが、それは「後出し」（決められた時間以降に出すこと）であると思います。車付雇上の作業員二人のうち一人は必ず現場を熟知している者が入る体制となっているし、毎回同じルートをまわっているからです。大きな集積所に一袋だけ残すことも考えにくいです。おそらく収集後にごみを出し、「収集し忘れ」のクレームを清掃センターに寄せるのでしょう。

でも、反論すれば「威圧的に言ってきた」というクレームが清掃会社にくるかもしれません。そこで、ぐっと呑み込んで、「分かりました。行きます」と言って、収集に向かうことにしています。何かあれば「明日から来なくていいよ」と言われる世界ですから、委託の人間はみんな真面目に業務に向き合っていると思います。

東環保に所属する五一社で閉鎖的な形をつくっているため、競争が生まれないという指摘もありますが、現状どおりで競争がないほうがよいと考えています。大手運送業者や宅配便会社と競争すると、そのしわ寄せが賃金にはね返り、下がってしまうでしょう。現在の給料は他の民間より多く、他の車に乗務したら半分もいかないと思います。ごみが汚いのは分かって清掃事業に従事していますし、仕事の割にはもらいすぎではないかという気持ちもあります。ともあれ、他社が参入できないようにしていてほしい。なにしろ、日々不安な気持ちで仕事をしているのですから。

②仕事ができれば、それでいい――菅野耕太郎さん（六〇代）

一九七五年ごろから、（労働）組合からの派遣で日雇いの運転手をしています。六五歳を過ぎているのに、働かせてもらえてありがたいです。不安定な職ではありますが、自分は良い清掃会社で働かせてもらっていると思っています。東環保の五一社の中にはいろいろな清掃会社があり、自分に合う・合わないがある。若い人は、合わなかったらすぐに辞めますね。清掃会社（で働く人）の七割は組合からの派遣で、人集めが大変になってきています。自分は、どのような形であれ仕事ができれば、それでいいです。

現場をもつ「本番」とは違い、「スペア」として派遣されています。運転手は週に一〜二回は休むので、空いたところに入る形です。今日はたまたま東センターに来ています。派遣先はさまざまなので、集積所が分からないときは作業員さんに聞いて運転しています。

東センターは建物がきれいで、駐車場もあり、運転手にとっては居心地が良い。区の清掃職員さんとは良好に仕事をしています。合う・合わないはあるけれど、新宿区は仕事に行っている中でも非常に良いです。

運転手は作業員より給料は良いが、事故を起こしたら次の仕事はもらえません。事故共済があるとはいえ、事故をしたら清掃会社にはいられない。「もらい事故」（加害者が事故発生に責任を負わない事故、信号待ちで停車中に追突されるケースが該当する）がたくさんあるので、気をつけています。

五一社のうち数社は、日雇いにも三保（一六〇ページ参照）を適用していました。それが良いかどうかは分かりません。保険に入るには労使双方が掛け金を折半することになるため、それ（負担）を嫌う若い人もいます。ただ、年をとってくると「厚生年金に入っておいたほうが良かった」という気持ちです。

③自分の裁量で仕事ができ、責任も負わずにすむ――大村琢也さん（二〇代）

新運転から清掃会社に派遣され、作業員よりも収入が多い運転手をしています。前職は土木関係で、友人から労供事業のことを聞き、この業界に入りました。

以前より待遇は良いです。終わる時間が早く、実働時間も短い。また、以前は毎日仕事にありつけなかったので、日雇いであっても毎日仕事できるので、満足しています。どこかの会社に就職して正社員になれば厚生年金がもらえるけれど、「終わりじまい」（一日に割り当てられた作業が終われば、当日の仕事が終わる）の仕事を自分のペースでするほうがよいと思う。人間関係は作業員と運転手の相性しだいですが、それはどの仕事でも同じでしょう。

一週間に六日働いています。自己都合で休んでも、組合に申請し、登録したハローワークに

（雇用保険被保険者手帳を）持っていけば、「あぶれ手当て」がもらえ、一日分の五割か六割です。

作業員が作業しやすいように運転することを心掛けています。車付雇上同士でも、運転手と作業員が話し合いながら仕事を進めていますよ。四月に地図が渡され、それをもとに収集し、ごみが積みきれなければ清掃センターに言うようにしています。全部積み終わったときに住民さんに感謝されると、やりがいを感じる。感謝の言葉があると、やる気も違ってきますね。

事故を起こしたら、会社に電話して指示をあおぎ、警察にも連絡します。即クビというわけではありません。組合が保険に入っているので、組合に始末書を書けば、支払いは組合からなされる。ただし、何度も事故を起こしていると、クビになることもあります。

組合に登録すると、個人の「日雇健康保険」に加入できます。手帳みたいなものが保険証です。三カ月に一回、押印の手続きに行きます。三割負担ですが、そのハンコがなければ利用できません。厚生年金はないので、国民年金に加入しています。

仮に（清掃）職員の募集があっても、応募しません。魅力がないからです。いまの仕事は給料が良く、同年代と比較しても高い。退職金を欲しいとは思うけれど、その代わりに「あぶれ手当て」をもらえていると思っています。若い人には人気の職ではないかな。下手にこき使われず、自分の裁量で仕事ができ、責任も負わずにすむ。仕事だけの人生より、自分の好きなことをするほうがいい。自分は家に帰って寝ることができれば満足です。

多様な価値観やニーズを満たす業務委託

事前に質問表を用意したわけではなく、昼休みやわずかな待ち時間でのインタビューで、状況によっては十分に話を聞けなかった場合もあるが、何を考えて収集業務に当たっているのかについては、一定程度の本音を聞き出せたと考えている。キーワードのような言葉を表7にまとめた。

インタビューをして意外だったことは、待遇や住民・職員に対する立場の弱さに不満をもつ

運転手の実態

名前・年齢	実態を把握する言葉
岩元明さん（六〇代）	・清掃の仕事は収入が良い。最低限の生活ができ、幸せで、ありがたい。 ・さまざまな清掃会社に派遣されるので、雇用の不安がある。 ・どのような仕事にも短所はある。現在の仕事に対して不満はない。 ・区民からの苦情があるので、しっかり業務を行う。
浅田ひとみさん（二〇代）	・収集の現場で住民からの問い合わせがあっても権限上、答えられない。委託の限界。 ・現在の業務をいかに遂行するかの知識はあるが、今後の清掃行政については考えていない。 ・比較的自由に休日を取得できる。 ・他の派遣の仕事よりも給料は良いが、将来は不安定なので、不安はある。
島田孝雄さん（二〇代）	・夢を実現するまでの「つなぎ」で清掃に従事している若者が多い。 ・学歴が問われず、比較的ラクに稼ぐことができるので、抜け出せなくなる。 ・厚生年金への加入については、保険料を引かれるため否定的な人もいる。 ・自由が保障されていると言え、若者のニーズを満たしている。 ・住民からの苦情に疑問をもっても、立場上、反論できない。
木本淳さん	・給料が上がらず、ボーナスももらえず、不安定。転職を考えている。

表7　業務委託の作業員・

（二〇代）	•業務についての知識は、現場レベルで作業員同士の打ち合わせで学ぶ。 •委託には裁量がないので、住民からのこみいった問い合わせには答えない。 •直営のほうが収集するごみの量が少なく、清掃工場も近いところが割り当てられる。
田口公夫さん（四〇代）	•清掃会社の社員であるが、派遣の人からは「羨ましい」と思われてはいない。 •あぶれ手当てがもらえて満足という労働者がいる。 •派遣労働者は他の仕事よりも給料が多いので、保障がなくても割り切り、満足している。 •派遣労働者は、昇給はなく年金ももらえない。あまり先のことは考えていないようである。 •収集についてのノウハウの研修は存在せず、現場の相方から学ぶ。 •任された仕事に対してはしっかりとやりとげる。それ以上の仕事は、したくてもできないので、やらない。 •取り残しをしない。事故を起こさない、住民とトラブルを起こさない、の三点を守る。 •接遇を学ぶ必要がある若い人が多いと思える。
上原昌彦さん（五〇代）	•清掃会社の社員を辞めて、日給の多い日雇いとして働き、週六日勤務する。 •日雇いなので雇用の不安がある。区民からのクレームにも清掃職員にも気を遣う。 •立場が弱いため、住民のエゴと思われる苦情に対して反論できない。 •清掃車の運転は他の運転よりも給料が良い。条件を割り切れば、金銭面の不満はない。
菅野耕太郎さん（六〇代）	•不安定な職であるが、六五歳を過ぎても働けるので、ありがたい。 •清掃会社が合わなければ辞める若い人が多く、流動的である。 •厚生年金に入っておいたほうが良かった。
大村琢也さん（二〇代）	•日雇いの運転手のほうが作業員より収入が良い。 •前職より待遇が良く、実働時間も短く、現状に満足である。 •正社員でこき使われるよりも、自分のペースで仕事ができ、責任を負わないこの仕事のほうが良い。 •現在の年齢では、同世代の給料と比較して高い。

人は少なく、実働時間の割に収入が良いことに満足している人が多かった点だ[19]。マイナス面はどの職業にも存在すると割り切り、労働時間、賃金、拘束性の低さといった待遇面を高く評価し、労働力を提供して責任を果たす代わりに対価を得ていると考える人たちが多数派である。

そして、ごみ収集の現場は、さまざまな人びとの多様な価値観やニーズを満たしていた。若者にとっては、学歴が問われず、比較的ラクに稼げるため、夢を実現するまでの「つなぎ」として最適な職である。高齢の独身者にとっては、生活できる糧を稼ぐために身体が続くかぎりは良い仕事である。長期間の海外旅行に行きたい人にとっては、働きたいときに働いて効率よく稼ぎ、帰国後も以前と同様に働くことができる職である。「拘束されたくない」「自由に生きたい」「休めるときに休みたい」というニーズを満たす働き方としては、現在のような労働者供給事業によるごみ収集の仕事は、うってつけであろう。

3 委託化の問題点

おそらく机上の計算では、委託化によって直営よりも安く行政サービスを提供できると結論づけられるであろう。財政が厳しい状況において、少しでも安価に行政サービスを提供することで原資が生み出せれば、新たな分野の行政サービスを実施したり、重点プロジェクトを行ったりできる。また、新たな雇用が創出されて失業率が改善し、それを通じて自治体財政がうるおうかもしれない。

一方で、委託化によって生じるデメリットも存在する。これまで述べてきた清掃現場の実態を踏まえると、机上の計算では算出されなかった委託化に要するコストが浮き彫りになる。改めて実態をよく見れば、メリットを上回るデメリットが生じると結論づけざるを得ない。

業務のブラックボックス化

まず、委託化によって業務の遂行過程を体系的に把握できなくなり、ブラックボックス化する。受託者が行った仕事の結果は目に見えても、どのような状況において、どのような現場判断で業務を行ったのか、という過程の把握が困難になる。仮に毎日何らかの報告書の提出を義務づけても、繁文縟礼に陥るだろう。業務を手元から離せば、現場を追いかけていくことは非常に難しい。

業務過程がブラックボックス化すると、結果が好ましいか否かの判断がつきにくい。たとえば、業務委託した場所のごみがきちんと収集され、クレームがない状況が、本当に好ましいのかどうか判断がつかない。可燃ごみの中に不燃ごみや資源が混入されていても、作業員が収集

(19) ここで紹介した八人以外にもインタビューを行った。そのなかには「幸せです」と言う人もいた。

して清掃車に積み込めば、清掃工場で抜き打ちの搬入物検査がないかぎり、そのままごみバンカに入る。焼却プラントの形状によっては、そのごみが原因で炉が詰まり、停止することもある[20]（五五ページ参照）。

排出ルールを守らないごみを残置し、後から「取り残しがある」とクレームを受けるよりも、清掃車に積み込んだほうが、委託者・受託者・排出者ともに仕事は減る。したがって「三方よし」となり、全体は一見、最適化される。だが、ごみの分別の推進をとおした資源循環型社会の構築を目的にするならば、これは決してあるべき姿ではない。

このように、委託化の進行によって現場の状況が見えなくなると、そこから生じた結果が本当に適正なのか判断がつかなくなる。直営の職員ならば気づく視点（たとえばリサイクルの推進）が抜け落ち、意図していない方向へ進んでしまう可能性がある。だから、委託者側が現場を把握する手段を構築する必要があるが、それには手間がかかり、委託化のメリットがなくなる。

それゆえ、性善説に立ち、受託者を信頼して結果を受けとめることが最もコストがかからない方法となる。しかし、管理コストも含めて委託化の原価計算を行うと、それほど安いものにはならない。

現場レベルでの調整の欠如と潜在的に受けている恩恵の喪失

一般に作業を進める際は、現場レベルで微修正を行いながら効率化を目指す。たとえば、道路工事で当初の収集ルートや区域を変更せざるを得ないときには、作業中に直営の運転手と作業員が打ち合わせし、清掃工場へ搬入する最適ルートを考える。より効率的な業務遂行手法を作業中に見出せた場合も、現場レベルで打ち合わせを行う。

こうした現場での調整は、直営の運転手と作業員であるから行える。雇上の運転手と直営の作業員であれば、現場ですぐには決められない。数日前から上司をとおして清掃会社に連絡し、合意をとりつけるという手順を踏まなければならないから、調整コストはかなりの額になる。仮に現場で清掃職員が雇上の運転手に指示を出せば、偽装請負となるであろう。

業務の効率的な運営とは、現場レベルでの小さな改善の積み重ねである。効率化には、数字に現れにくい小さな改善が少なくない。したがって、現場での調整が柔軟にできない状況は致命的である。

---

(20)　作業員がごみを清掃車に積み込めば、ほぼ焼却されると言っても過言ではない。仮に運び込まれたごみが原因で炉が停止しても、いったんごみを焼却するまでためておくごみバンカに入れれば、誰が運び込んだかの特定は難しい。まして、誰が清掃車に積み込んだごみかの特定はできない。技術の進展により、発熱量の高いプラスチックも焼却できる炉が導入されているので、分別されていないごみを投入しても、炉が停止するような事故が起こらないかぎり大きな問題とはならない。

清掃職員は、毎日の収集作業を通じて狭小路地や抜け道を熟知し、リアルタイムの地域の状況を把握している。地域の現状を最もよく把握している行政スタッフは、毎日足を運ぶ清掃職員である。おそらく警察官よりも熟知しており、それは一種の行政資産と言える。近い将来、首都直下型地震が想定され、防災への意識が高まりつつあるが、不測の事態が生じた場合に機動力を発揮して最も活躍が期待できるのは、清掃職員であろう。

しかし、業務委託が推進され、清掃職員が仕事を通じて地域に足を運ぶ機会が減れば、地域との関わりが低下し、この行政資産は劣化していく。住民とのコミュニケーションも疎かになる。清掃職員の地域との関わりの低下は、さまざまな方面に大きな影響を及ぼすことが想定されよう。その結果、住民が潜在的に得てきた行政サービスの水準が低下する。災害などの不測の事態が生じた際に、機動力を発揮して住民の命を救うことが難しくなるかもしれない。

また、清掃職員は、集積所でごみ出しに関する住民の質問に答えることをはじめとして、地域とのコミュニケーションを密にしながら資源循環型社会の構築に向けた住民協働の礎を築いている。だが、委託化が進めば、住民と顔を合わせた対話はなくなり、現場から離れたところからの指示によりリサイクルが推進されていく可能性がある。

収集業務を通じた清掃職員の関わりによって、地域は温かく見守られていると言える。委託化によってこうした目に見えない恩恵が失われていけば、一番損をするのは住民である。委託化の推進を要求する住民の声はたしかに存在するが、潜在的に享受していた恩恵を失う結果となることにも気づくべきである。

業務に対する姿勢の徹底

ごく一部ではあるが、作業服をだらしなく着る委託作業員がいる。安全靴を履かない、ヘルメットを着用しないなど、安全作業への自覚に欠ける委託作業員もいる。談笑しながら作業に取り掛かっている場面も見かける。こうした様子に対して住民から、「最近の清掃作業員はだらしない恰好で、怖くなった」「ずいぶんいい加減な仕事をしているけど、これでいいのか」といった苦情が寄せられる。

制服を着用して仕事をすると目立ち、世間から注目を浴びる。本人には意識がないかもしれないが、住民から仕事ぶりが評価されているのだ。軽率な行動をすれば全体の評価となって跳ね返り、清掃行政全体の地盤沈下をもたらす。言い換えれば、作業に携わる個々人がよく自覚し、一つひとつの仕事に真摯に取り組むことによって、住民から評価され、清掃行政への信頼を育み、ひいては行政全体の信用へとつながる。

制服を着用して仕事をする意味を理解して業務に取り組む委託作業員もいるが、一部ではいい加減な行動も散見される。ヒアリングの際、東環保の研修で業務遂行への心構えが教えられると聞いた。意識改革や啓発に取り組んではいるものの、徹底には至っていない。委託作業員は入れ替わりが激しいため、徹底が難しいのは理解できる。だが、清掃行政の一端を担っている以上、地盤沈下をもたらさないよう引き締めていかねばならない。

このことは、清掃職員についても当てはまる。清掃事業に携る者全員が自覚して業務に取り組み、住民にその姿勢を示していくことが、今後の清掃部門のあり方を左右するのである。

主体間に生じる問題解決コストの把握

業務委託を行えば、直営（清掃職員である作業員）と委託（雇上の運転手）の間、雇上会社と雇上会社の間に、必ずすき間が生じる。そこに問題が生じる。

清掃職員同士ならば、運転手と作業員が仲間意識をもち、互いに気を配りながら仕事する。しかし、雇上のように清掃職員と委託運転手の場合は、阿吽の呼吸での業務遂行は難しい。もちろん、急発進や急停止をせず、作業員が収集しやすいように集積所に車をつけるなど、精一杯の配慮を施す雇上の慣れた運転手もいる。しかし、こうした運転手が割り当てられる保証はない。

ふだんはミキサー車やポンプ車を運転していて、清掃車は初めてという運転手もいる。運転はできても、全集積所が頭に入っているわけはなく、作業員の指示なしには進められない。どうすれば作業員がやりやすいかも意識できない。当然、作業員からは「集積所へのつけ方が悪く、ごみを積みにくい」「もう少し端に寄せれば通行人が通行できるのに、融通が利かない」といった声が上がる。

正月明けの収集では、ふだんより多くの雇上車を導入するため、清掃工場への道すら知らない運転手が来る場合もある。清掃工場へのごみ搬入後に、あらかじめ決めておいた場所に到着できず、作業員が寒空の下でずっと待たされることもあった。

これらは一例にすぎない。直営と委託で一緒に作業を行う場合は、その接点で数々のトラブルが生じている。

雇上会社間でも同様な問題が生じる。各雇上会社が任された区域の収集に専念するから、たとえばある雇上会社の収集し忘れを別の雇上会社がフォローするといった連携は見込めない。また、雇上会社間で収集における判断基準が異なり、ごみの中身を丁寧に判断するところもあれば、残さずに積み込むことを優先するところもある。そこを埋めるためのコミュニケーションは十分に取られず、休み時間は雇上会社ごとにかたまる傾向となる。

さらに、雇上会社内部の問題として、車付雇上の作業員間でノウハウが十分に引き継がれる保証がない。収集現場で経験者が初心者に教えているというのが現状だから、業務の質が一定にならない。たとえば、カラスネットを畳む、収集後の容器を通行人から見えないところに移動させるなど、配慮が必要となる集積所に関する業務知識は、体系立てて引き継がれない。その結果、収集し忘れも生じる。このすき間の穴埋めは最終的には清掃職員が行うため、委託業者への不信感がより積もっていく。

このように現場では、直営と委託との間、委託と委託との間でトラブルが頻発してきた。そして、このトラブルを清掃職員がかぶることで清掃事業がまわっている。問題は、こうしたコストを委託化推進者側がきちんと把握しているかである。委託業者に支払う費用だけでなく、現場で各主体間で発生する問題を解決するためのコストを認識しておかねばならない。

真夏に送風機を利用して仮眠する雇上の運転手

作業員の労働環境

東センターには、委託作業員・運転手が休憩するスペースが確保されていない。貸すことのできるスペースがないからである。だから、昼休みに行き場がない。作業員は倉庫で雑魚寝し、運転手は駐車場内で仮眠する。真夏は、ほとんど地獄だ。倉庫も駐車場もクーラーが利いていない。駐車場ではエンジンを停止させなければならないから、送風機で暑さをしのぐ。

厳密に言えば、この倉庫や送風機の利用は、新宿区側から許可を得ていない。電気代も支払われていない。こうした状況が生じるのは、雇上会社が作業員の休憩スペースを確保していないためだ。新宿区側ではなく雇上会社側が、福利厚生の一環で場所を用意すべきなのである。

ちなみに、冬は状況が一変し、暖房がない倉庫を利用するしかない。そこに入りきれない者は、駐車場の隅にマットを引き、寝袋で仮眠していた（一七〇ページ参照）。東センターの駐車場には風こそそれほど吹き込まないものの、寒さは厳しい。風邪を引きかねない状況である。

区には貸与できる場所がなく、雇上会社は場所を用意しない。悲惨な休憩環境だ。委託化はときに、こうした悲劇を生み出す。

官製ワーキングプアの創出

労働者供給事業を通じて日雇いで働く人びとは、公共サービスの担い手であるが、明日の仕事に確固たる保証はなく、常に不安のもとで生活をしている。実働時間に比して収入が良いという声もあったが、賃金が高いとは必ずしも言えない。週休二日が社会的に定着しているなかで、多くの人びとは週六日働かなければ生活が成り立たない。しかも、日当は定額であり、昇給や賞与、退職金はない。経験を積んでも、経験への付加的な価値はつかない。

委託化のしわ寄せは、確実にその従事者に及んでいる。一定の社会的な貢献をしているにもかかわらず、安定した生活を営む保証はなく、結婚を想定している人は少ない。それは、少子化を推進する要因ともなっている。厚生年金には、ほとんど加入していない。老後の金銭的補償はなく、生活保護に頼らざるを得ない人びとを大量に生み出しているとも言える。

委託化によるコスト削減は結局、労働者の人件費の削減によって実現されている。民間に任せ、対価を安く叩けば叩くほど、しわ寄せは立場の弱い労働者に及ぶ。委託化によるコスト削減の主張者は、この点をどう考えているのであろうか。

筆者は、業務委託を止め、すべて直営に戻すべきと主張しているわけではない。ただし、公務労働従事者からこうした層が生まれている現実についてよく認識し、いわゆる官製ワーキングプアをいかになくしていくかの議論を早急に深めるべきである。

清掃指導の崩壊と職員の資質への影響

清掃指導は、すでに述べたように、ふれあい指導班、収集班、軽小班の密接な連携によって機能する。ふれあい指導班は、収集班や軽小班から伝えられる情報を受けて、現場の状況を調査する。そして、注意喚起のビラを貼って一定期間様子を見ることもあれば、排出者を特定して訪問指導を行うこともある。

委託化が進めば、収集業務を行う車付雇上の労働者と清掃指導を行う清掃職員とのコミュニケーションが疎かになる。そうなれば、清掃指導業務も難しくなる。素早い対応をすれば簡単に解決していた問題が先送りされ、多大な労力や負担を伴う可能性が高い。委託化の推進は、清掃指導業務の遂行や清掃職員の負担に大きな影響を及ぼすであろう。

それを防ぐためには、清掃指導の担当者が雇上会社の作業員と現場レベルで連携を強める必要が生じる。しかし、そこで作業指示を出せば「偽装請負」の問題に直面する。法的には、委託者側が雇上会社に連絡し、そこから作業員に伝えるという形式をとらざるを得ず、非常に手間がかかる。だから、委託化が進めば進むほど、現場レベルで情報交換の仕組みの担保が欠かせない。同時に、現場で委託者側が作業員に指示を出すことが可能となる合法的な方法を確立していかなければならない。

また、収集業務の委託化が進めば、清掃職員は指導業務に特化していく。しかし、すぐに指導業務を担えるわけではない。不適正排出者の指導には、広範な業務知識に加えて、前述したように、経験に裏付けされた自信が必要となるからである。清掃指導の現場では、嘘をつく者もいれば担当者に突っかかる者もいる。彼らに毅然とした態度で向き合い、的確な説明を行って納得させせなければならない。経験と自信がなければ、威圧的に迫る者への指導や説得はできない。

委託化が進んで清掃職員が収集作業を行う機会が減れば、知識や経験を積んで自信を築く機会も自ずと減少する。結果、不適正排出者に向き合えない清掃職員が増え、清掃指導が成り立たなくなる可能性が生じる。自信がないまま向き合い続ければ、心の健康が維持できず、適応障害や不安障害をもつ職員が増えるであろう。

清掃指導担当者へのヒアリングで、「ふれあい指導班を経験して収集の現場に戻ると、やれることが増える」「収集班からふれあい指導班に行ったときよりも、ふれあい指導班から収集班に戻ったときのほうが、強みは大きい」という声を聞いた。収集と清掃指導は表裏一体であり、両者の行き来によって清掃職員の資質が向上し、より質の高い行政サービスが提供される。収集業務の委託化は、清掃職員の資質向上を阻むとともに活躍の場を狭め、行政サービスの質の停滞を招きかねない。

4 委託化に対する住民の選択権

インタビューから分かるように、雇上や車付雇上の労働者は、「誰もが好まない仕事に対する役務の提供」と、「それに見合った賃金の受け取り」が基本であり、「委託された業務については責任をもって遂行していく」ことがすべてとなる。現場で発生する問題に対して善意で工夫を凝らそうとしても、機能的にそこまで求められていない。決められたことを遂行し、それ以外は清掃センターに報告するか、住民から連絡してもらえばよい。

したがって、「ごみの収集・運搬という業務をいかに効率的に実施するか」という発想には至るものの、「清掃行政の今後のあり方や区民サービスの向上」への展望には至らない。そう考える作業員や運転手もいるだろうが、相対的には少ない。

住民は、与えられた職務の遂行のみに責任を負う雇上会社の作業員と接することになる。彼らには、「任された業務をいかに確実に終わらせるか」という意識は存在するが、「住民へ公共サービスを提供する」という意識には至っていない。仮にそうした意識をもっていても、委託の仕組み上、住民と向き合うわけにはいかない。たとえば、リサイクルは住民との対話や協力によって推進される。ところが、現場ではリサイクルにあまり興味をもたない作業員が黙々と資源の収集作業を続ける結果になる。

住民はこうした形態での公共サービスを望むのであろうか。同じ公共サービスの提供を受けるのであれば、居住する地域を包括的に見守り、共に歩む意欲をもった作業員と接していきたいと思うのではなかろうか。委託化は行政側の事情で進んでいるが、直営か委託化かについての選択権が住民にあってよい。

第5章

清掃行政の展望

雨の中を清掃車が一斉に現場に向かっていく

本章では、これまで述べてきたことを踏まえ、今後の清掃行政の展望を描く。実践をベースとして、理論面にアプローチしていこう。

まず、多くの問題をかかえながらも委託化が進んでいく背景を述べ、清掃行政を取り巻く社会環境を明らかにする。そこには地方行政改革が大きく関係している。今後も明るい兆しは見えず、状況は悪化するであろう。

次に、いわば「外堀」が埋められたなかで、清掃部門が歩むべき方向性を提示する。清掃部門のプレゼンスを向上させるために、「攻め」の姿勢で積極的に仕掛ける観点から、いくつかの案を提示したい。

それらを踏まえたうえで、俯瞰的な視点に立ち、現業職員が地方自治を活性化する要素をもっていることを明らかにし、継続して公共サービスを安定的に提供するためのポイントを述べていく。

1 自治体の行政改革と委託化の進行

地方行革の始まり

ごみ収集、学校給食、学校用務・事務などに従事する現業職員は委託化の対象とされ、減少し続けてきた。その背景には、自治体の財政難とその改善を理由に、半世紀にわたって行われてきた地方の行政改革がある。国の行政改革に連動する形で地方の行政改革も推進され、その流れのもとで業務委託が進められてきた。

地方行革の軌跡は、第二次世界大戦後まもなくに端を発する。それは、一九五二年に閣議決定された「地方行政の簡素化に関する件」や、同年の地方行政調査委員会議（いわゆる「神戸委員会」）による「行政事務再配分に関する第二次勧告」である。それらを踏まえて一九五二年に地方自治法が改正され、地方行革が進められていく。

その後、アメリカの行政改革に大きく寄与したフーバー委員会に倣い、戦後の行政需要の拡大とともに膨れ上がった行政機構や公務員数の改革と、新たな行政制度や行政運営を目的として、一九六一年に臨時行政調査会（第一次臨調）が設置された。第一次臨調は二年半に及ぶ調査審議を経て、一九六四年に「行政改革に関する意見書」を答申する。そこでは、行政改革の理念を述べた「総論」と具体的な「改革意見」[1]が述べられた。そのなかで、「行政事務の配分に関する改革意見」と「事務運営の改革に関する意見」は、地方自治体の行財政運営に深く関係する。[2]

一方、当時は一九五二年に制度化された公営企業（病院、水道、交通）の経営悪化が進み、六一年を境に赤字が累積されていった。これを受けて、一九六四年に自治大臣の諮問機関として地方公営企業制度調査会が設置される。同調査会は翌年に「地方公営企業の改善に関する答申」を提出し、水道事業の料金徴収事務、病院の清掃、洗濯、給食、交通事業の直営食堂について民間委託や共同処理を積極的に活用し、費用の節減に努めるように述べた。一九六六年には、第一一次地方制度調査会が「地方税財政に関する当面の措置についての答申」を提出。「地方経費の効率化」として、必ずしも地方自治体が直接実施する必要がないものは、十分な管理監督のもとで民間委託等を積極的に推進することが述べられた。

こうした流れのなかで行政改革の議論が進められ、一九六七年に「今後における定員管理について」が閣議決定される。そこでは、一省庁一局削減や国家公務員の定数減に加えて、「地方公共団体においても国の措置に準じて措置する」旨が述べられ、これをきっかけとして都道府県知事宛の事務次官通知「地方公共団体における機構の改善と定員の管理について」が発せられた。そこには「特定事務の民間委託」と題し、単純な労務によって遂行可能な事務や常時定員を設置しておくことが不合理な時期的変動が多い事務については民間委託を考慮することが記されていた。

このように初期の地方自治体の行政改革は、国（自治省）が通達などの「指導文書」で自治体に指示する形で進んだ。とりわけ民間委託については、それらの文書で具体的な事務事業を挙げて促し、自治体が請ける形で進められていく。[3]

行革大綱の策定と行政改革の推進

その後、高度経済成長は一九七三年の第一次石油ショックで終焉し、七五年以降は国も地方自治体も税収などの財源が大幅に不足する。一九七九年には第二次石油ショックが起こり、国・

(1) 内閣の機能、中央省庁、共管競合事務の改革、行政事務の配分、許認可等の改革、行政機能の統廃合、公社・公団等の改革、首都行政の改革、広域行政の改革、青少年行政、消費者行政、科学技術行政、事務運営の改革、予算・会計、行政の公正確保のための手続き、公務員に関する改革意見がある。ただし、これらは理想に走りすぎていた面があり、政府は実施困難として棚上げとした（田中一昭編著『行政改革〈新版〉』ぎょうせい、二〇〇六年、九ページ、参照）。

(2) 松本英昭「地方分権の推進――地方の行財政改革」堀江教授記念論文集編集委員会『行政改革・地方分権・規制緩和の座標――堀江湛教授記念論文集』ぎょうせい、一九九七年、一九七～二〇〇ページ、参照。

(3) 宮崎伸光「公共サービスの民間委託」今村都南雄編著『公共サービスと民間委託』敬文堂、一九九七年、四九～五一ページ、参照。

地方とも財政はさらに厳しくなり、衆参両院で「財政再建に関する決議」が行われた。

そして、一九八一年に行政制度や行政運営に関する基本的事項の調査審議を目的に第二次臨時行政調査会が発足。「増税なき財政再建」や「肥大化した行政の減量化」がスローガンとなった。一九八三年の「最終答申」には、地方自治体の行財政の合理化や効率化への指摘も含まれた。この答申を受け、行政改革の実行を監視し、具体的な課題を審議・提言する臨時行政改革推進審議会(行革審)が首相の諮問機関として発足し、地方の行政改革についても政府へ勧告がなされる。

臨時行政調査会と臨時行政改革推進審議会(行革審)の答申を受けた政府は一九八四年、「行政改革の推進に関する当面の実施方針」を閣議決定した。自治省は翌年、「地方公共団体における行政改革推進の方針」(「地方行革大綱」)を策定し、各自治体に通知した。そこに掲げられたのは、事務事業の見直し、組織・機構の簡素合理化、給与の適正化、定員管理の適正化、民間委託・OA化等事務改革の推進、会館等公共施設の設置及び管理運営の合理化、地方議会の合理化という七つの重点項目である。この推進を図るため地方自治体に対し、行政改革推進本部の設置と行革大綱の策定を求めた(4)。これを受けた地方自治体は行政改革大綱の策定に取り組み、行財政全般についての改革を推進していく。

なお、一九八五年の地方行革大綱以降、地方自治体における行政改革の標準形は、①国からの指示による行革大綱の策定、②それに基づいた行政改革の推進となった。

近年の地方行革の推進

一九八〇年代後半に到来したバブル景気は九〇年代初めに崩壊し、日本経済は深刻な事態に陥っていく。政府は国債や地方債を財源に公共投資の追加拡大策をとるが、状況は改善されず、経済の低迷期が続いた。こうしたなかで、経済、社会、政治、行政システムの大きな転換が必要であるという認識が醸成され、そのひとつの方策として要請されたのが、地方分権の推進と地方自治の充実・強化である。そして、そのための自立的な行政体制の整備確立に向けた自己改革が地方自治体には必要であるという認識に至った。

自治省は一九九四年、「地方公共団体における行政改革推進のための指針」を策定し、地方自治体の自主的・主体的な行政改革を促す。そこでは、各地方自治体に新たな行政改革大綱の策定とその進捗管理を求め、重点項目として「事務事業の組織・機構の見直し」「定員管理と給与の適正化の推進」「効果的な行政運営と職員の能力開発の推進」「行政の情報化の推進による行政サービスの向上」を掲げた。この結果、ほとんどの地方自治体が何らかの行政改革大綱を策定するに至った。改革項目として掲げられたのは、「事務事業の見直し」「補助金等の整理合理化」「積極的な民間委託の推進」「組織機構の見直し」「給与等の適正化」「政策形成機能の

（4）自治省「地方公共団体における行政改革推進の方針（地方行革大綱）について」『自治研究』第六一巻第三号、一九八五年、一四七〜一五一ページ、参照。

充実強化」「職員の能力開発と意識改革」などである。(5)

その後、一九九五年に成立した地方分権推進法に基づき内閣総理大臣の諮問機関として地方分権推進委員会が発足し、地方分権が推進されていく。だが、地方自治体が分権の受け皿になるには、いっそうの行政改革に努める必要がある。自治省は一九九七年、「地方自治・新時代に対応した地方公共団体の行政改革推進のための指針の策定について」を地方自治体に通知した。ここでも、民間委託の推進を含む「事務事業の見直し」「組織・機構」「外郭団体」「定員・給与」「人材の育成・確保」「財政の健全化」など一一項目にわたって改革方針を提示し、地方自治体に対して具体的な改革を迫った。(6)

一方、政府は一九九四年、第一次〜三次にわたる臨時行政改革推進審議会(行革審)の答申の趣旨を踏まえ、行政改革の実施状況の監視などを行う行政改革委員会を設置した。そして、第二臨調の「官から民へ」「国から地方へ」という考え方を踏襲して議論を進め、一九九六年に「行政関与の在り方に関する基準」を策定する。そこには「民間でできるものは民間に委ねる」などの三原則が示され、「行政の活動を必要最小限にするための民間活動の優先」や「行政の効率化」などの基準が示された。こうした行政の守備範囲を見直す流れは、その後国政における行政の減量化・効率化、民間委託の推進、特殊法人の民営化につながり、NPM(ニュー・パブリック・マネジメント)型の改革手法が取られるきっかけとなる。(7)

NPM型の流れを地方自治体の行政改革にも取り入れることを目的として、総務省は二〇〇五年、「地方公共団体における行政改革の推進のための新たな指針」を策定。①行政改革大綱の見直しと、②二〇〇五年から五年間にわたる計画となる「集中改革プラン」の策定を地方自治体に求め、民間委託の推進や定員管理の適正化をはじめとする改革プランの作成を要請した。

翌年には、行政改革推進法や公共サービス改革法が成立・施行される。また、閣議決定された「経済財政運営と構造改革に関する基本方針二〇〇六」を受け、総務省は二〇〇五年の改革指針に加えて「地方公共団体における行政改革の更なる推進のための指針」を示し、いっそうの行政改革の推進に努めるように要請した。そこで挙げられたのは、①総人件費改革、②公共サービス改革、③地方公会計改革、④情報開示の徹底、住民監視（ガバナンス）の強化である。とりわけ①については、行政改革推進法に規定される公共サービスの実施主体の検討を踏まえ、さらなる民間委託等の措置を講ずることが要請された。

このように、自治体の行政改革は自治体が主体的に取り組んでいく形ではなく、国の指示・

（5）前掲（2）、二〇四～二一〇ページ、参照。
（6）自治省事務次官通知「地方自治・新時代に対応した地方公共団体の行政改革推進のための指針の策定について」『地方自治』第六〇一号、一九九七年、一〇八～一一七ページ、参照。
（7）大藪俊志「地方行政改革の諸相―自治体行政改革の課題と方向性―」『佛教大学総合研究所紀要』第二一号、二〇一四年、一二七ページ、参照。

指導のもとで進んだ[8]。前述のとおり、これまで国が地方公共団体に示した主な行政改革への指針は、一九八五年、九四年、九七年、二〇〇五年、〇六年と五回にもわたっている。そこでは絶えず、「定員管理の適正化」「組織・機構改革」「給与・手当の適正化」「事務事業の見直し」「外部委託」「地方公営企業・第三セクター改革」が要請された。とりわけ、二〇〇〇年代に入るとNPM思想の影響を受け、指定管理者制度、PFI[9]、地方独立行政法人といった新しい形の行政改革が要請されてきている。

定員管理の適正化と外部委託化

これまでの行政改革指針では、地方自治体に対して繰り返し「定員管理の適正化」が要請されてきた。それは、「行政需要の動向や財政状況に合わせて自治体職員の数とその配置を適切に管理すること」であり、端的に言えば削減を意味する。地方自治体は定員適正化計画などを策定し、削減率目標を明示してきた。そして、退職者を補充せず、早期退職制度を導入し、組織の再編や外部委託を進めてきたのである。

前述の二〇〇五年の総務省による改革指針では、定員管理の適正化として、抜本的な事務・事業の整理、組織の合理化、職員の適正配置、積極的な民間委託の推進、任期付職員制度の活用、ICTの推進、地域協働の取り組みが挙げられた。また、団塊の世代の大量退職に際して、計画的な職員数の抑制に努めるように述べている。さらに、数値目標を掲げての実施を要請し、過去五年間の地方自治体の総定員の四・六％純減を上回るように求めている。一方、技能労務職員の給与にも言及し、国における同種職員の給与を参考に、職務の性格や内容を踏まえ、民間の同種の職種従事者との均衡に留意しながら適正化するように要請した。

このように、退職者不補充による人員削減、それとセットとしての委託化が、国の地方自治体に対するいわば「押し付け」的な行政改革のひとつとして位置づけられてきた。今後も、こうした「上から」の改革要請は続くであろう。

直近の国からの地方行政改革に関する助言である「地方行政サービス改革の推進に関する留意事項について」（二〇一五年）では、厳しい財政状況において、人口減少や高齢化の進展、行政需要の多様化に対応した質の高い公共サービスを効率的・効果的に提供していくために改革を行う必要があることを指摘した。具体的に要請されているのは、以下の四点だ。

①行政サービスのオープン化・アウトソーシング等の推進

（8）一九九〇年代なかばからは、自治体財政の深刻化によって、率先して経費の大幅カットや事務事業の見直しによる歳出削減などNPM型の改革手法を取り入れた自治体もある。主なものに、三重県の事務・事業評価システム、静岡県の行政評価システムが挙げられる（三橋良士明「分権改革の中の行政民間化」三橋良士明・榊原秀訓編著『行政民間化の公共性分析』日本評論社、二〇〇六年、一四ページ、参照）。

（9）民間の資金とノウハウを活用し、公共施設の設計、建設、維持管理、運営を行うことで、効率的かつ効果的な公共サービスを提供する手法。

②自治体情報システムのクラウド化の拡大
③公営企業・第三セクター等の経営健全化
④地方自治体の財政マネジメントの強化
⑤ＰＰＰ／ＰＦＩの拡大

このうち①では、民間委託の推進、指定管理者制度の活用、地方独立行政法人制度の活用、窓口業務や庶務業務の集約化を提唱する。民間委託の推進については、提供されるサービスが日々進化を遂げていると評価したうえで、民間と同種または類似した内容で民間委託の進んでいない事務事業について委託の可能性の重点的な検証や、臨機応変な指示が必要な業務であっても、仕様書の詳細化や定型的な業務との切り分けを行うなどして、委託の可能性の検証を求めている。

この留意事項には、おなじみの「定員管理の適正化」は見当たらない。自治体の仕事を民間に移し、いわゆるアベノミクスの効果を高めてＧＤＰを上昇させていく方向性が見てとれる。民間への業務委託自体を良しとし、その質については一定の留意事項が書かれているものの(10)、受託する民間企業が提供する公共サービスは質が担保されているとして、改革指針が定められていると言える。しかし、実際には、すでに述べてきたように必ずしも質が担保されているとは言えない。質の維持について定性的な調査を継続的に行う必要がある。

今後も現業部門は削減の対象となり、委託化が進む流れである。外堀が埋められ、身動きが取れない状態に追い込まれている。同時に、自治体の福祉関連費は増加しており、限られた行政資産を有効活用するためにも改革せざるを得ない状況にある。こうしたなかで、現業職員を多くかかえる清掃行政の展望を描くことは非常に難しい。これまでの継続では、大きな流れにのみこまれていく。何らかの新しい形を見出していかなければならない。

委託化の現状

二〇〇五年の「地方公共団体における行政改革の推進のための新たな指針」の提示以降、総務省は各自治体の取り組み状況のとりまとめを公表している。二〇一七年三月に公表されたデータによると、一般ごみ収集の民間委託の実施状況は、政令指定都市で一〇〇%、市区町村で九六・六%だ。直営の自治体は数えるほどである。表8に示されているとおり、一九八九年を基準とすると二〇一五年の直営の割合は半分以下に減少している。近年では、一般ごみの約八割が委託や業者によって収集されている。

(10)「委託先の事業者が労働法令を遵守することは当然であり、委託先の選定に当たっても、その事業者において労働法令の遵守や雇用・労働条件への適切な配慮がなされるよう、留意すること」「委託した事務・事業についての行政としての責任を果たし得るよう、適切に評価・管理を行うことができるような措置を講じること」と書かれている。

表８　ごみ収集量の処理形態別割合の推移

年　度		1989	1991	1994	1997	2000	2003	2006	2009	2012	2015
地方公共団体による収集	直営（%）	50.3	48.8	44.6	41.6	37.1	33.8	30.0	27.3	25.2	22.4
	委託（%）	30.3	31.9	33.4	34.9	37.2	39.5	42.9	46.2	47.7	49.7
許可業者による収集		19.4	19.3	22.0	23.5	25.7	26.7	27.0	26.5	27.1	27.9

（出典）環境省大臣官房廃棄物・リサイクル対策部廃棄物対策課「日本の廃棄物処理（平成14年度版、平成24年度版、平成27年度版）」（2005年、2014年、2017年）をもとに筆者作成。

委託化が進む背景のひとつには、一九九七年の「容器包装に係る分別収集及び再商品化の促進に関する法律」（容器包装リサイクル法）の施行があるだろう。同法に基づく分別収集や選別保管を実施する際、厳しい財政事情で新たな人員を採用できず、外部委託で対応するしかなかったことが推測される[11]。委託化は、自治体財政の逼迫による人員削減という文脈のみでは説明できない。

委託化が進む現状について、庄司元は次のように述べている。「こうした委託契約では、市区町村が地方自治体として定めた仕様に基づき契約が履行され、その業務（履行内容）が管理される。従って、委託により民間がその仕事をすることになっても、そうした詳細な仕様によって拘束されることで、官にはない民間だからこそできる様々な仕事に対する創意工夫も発揮されにくい。すなわちこの委託の場合は、単純に市区町村職員で直接仕事を遂行するいわゆる直営形態を、主として人件費の抑制策の観点から外部へ業務を出すことでの経費節減が主たる目的である[12]」

この指摘からも分かるように、ごみ収集の委託化は民間独自の特色を活かした工夫が発揮されにくい。端的に言えば「経費節減」であり、安い労働力の購入である。たしかに財政は好転するかもしれないが、契約に基づいて業務が遂行されるのみであり、何らの付加価値は生まれない。

2 清掃職員が創造している価値

一般に、民間委託によってコスト削減と効率化が進むと思われているが、一方で、直営ゆえに実現していた価値は失われる。それらは見過ごされがちだが、大局的な見地からは非常に重要な価値である。

清掃職員は住民にできるだけ配慮しながら収集業務を遂行しており、それだけでも目に見えない恩恵を与えている。そして、その積み重ねによって自治体行政全体にとって意味のある価値を創造している。それらは潜在する機能の顕在化である。業務委託に切り替えれば失われるものを再認識するために、清掃職員が収集業務を通じて創造している価値を整理してみたい。

(11) 庄司元「市区町村のごみ処理における委託」『都市清掃』第五八巻第二六七号、二〇〇五年、三一～六ページ、参照。
(12) 前掲(11)、一〇ページ。

現場への配慮による質の高い行政サービスの提供

昨今のＮＰＭ思想の普及からか、有権者であり納税者である住民を顧客と位置づけ、住民満足度を上げる対応を目指す傾向がある。この点について議論はあるが、官僚的な上から目線や杓子定規な「お役所仕事」では通用しないのは事実だ。

現在は幹線道路、橋、学校、病院、上下水道などの社会インフラの整備は終わり、行政サービス自体がソフト面へシフトしている。地方分権改革は、一律的な基準に従う対応ではなく、地域の事情に応じて対応する環境の整備でもある。自治体は住民目線に立ってニーズを把握し、地域の事情に合うように法律を自主的に解釈し、ニーズを満たす行政を展開してきた。行政サービスは、さまざまな住民ニーズを満たし、地域の事情に沿って多様化している。

こうした流れのもとで、ごみの収集・運搬業務は集約化に進む傾向にある。委託化とは、仕様書の作成と、それに基づいた業務の執行の依頼だ。仕様書には、日々変化する現場の状況や個別具体的な対応のすべてを反映させられない。したがって、具体的な問題への詳細な指示はなされず、一律的な対応で業務を行わざるを得ない。

ところが、住民のニーズとライフスタイルは多様化しているから、ごみの出し方も多様となる。ルールを守りたくても、決められた曜日や時間には出せないライフスタイルの住民もいる。それゆえ、現場で生じる状況に業務の枠内で自らの裁量によってどう対応するか、どんな対策をたてるかが、作業員の腕の見せ所となる。現場ごとに可能なかぎりの配慮を行う行政サービスが求められているのだ。

参与観察をとおしてよく分かったのは、清掃職員がいろいろな場面で住民の状況に配慮した対応を心掛けていることである。管理人のいないワンルームマンションのごみボックス自体が「大きなごみ箱」となっていたケースでは、できるだけごみボックスをきれいにしていた。通行が制限される狭小路地の集積所では、体力の消耗や腰への負担を承知で、スピーディーに作業を終えるように努めていた。そうした自発的な行為は、「住民に最大限配慮する」という気持ちの表れにほかならない。

シュレッダーごみの回収では、そのままプレス車に投入すれば破裂して散乱するリスクを想定して、シュレッダーごみが入っている袋に穴を空けて投入していた。ごみの汁の飛散を防ぐ、雪の日に坂道から滑り落ちる収集車を身を挺して止める、清掃車からの異臭で住民が不快に感じないようにメンテナンスする、通行人が邪魔でもクラクションは鳴らさない……。これらはすべて、住民への配慮である。

清掃職員は当事者意識と現場や地域への責任感をもって、行政サービスを展開している。同様のサービス提供は、仕事の完遂を目的とする業務委託においても可能かもしれない。しかし、ヒアリング結果から類推するかぎりでは、「住民のために身を削り、配慮しながら業務を行う」モチベーションをもった委託作業員は多くないように思われる。

限られた行政資源のもとでは、一律的な対応にならざるを得ない側面がある。それでも、直営の清掃職員は「なるべく早くごみを収集し、衛生的な環境を住民に提供したい」という思いで、現場ごとに柔軟な対応を心掛けている。それは、質の高い行政サービスの提供であり、非常に大きな価値を創造していると言える。

信用・信頼の涵養と協働の担い手づくり

清掃職員の現場でのさまざまな配慮が住民の信用を築き、行政全体の信頼感を涵養している。その一端を参与観察中に何度も体験した。

たとえば、狭小路地で通行人を待たせて収集する際の配慮を、居合わせた人たちはよく見ている。だから、作業後に待たせたことを詫びる清掃職員に対し、謝辞を述べたり会釈をしたりして通行する。収集時に出し方についての詳細を尋ねられた際には、質問の趣旨を理解し、必要な情報をしっかり回答していた。質問への回答が記載された文書やパンフレットの参照や、事務所への確認をするわけではない。すぐに的確な回答を返していた。こうしたひたむきな姿や、「ごみ出しに関する生き字引」のような対応が記憶として蓄積され、行政への好意的な評価へと昇華し、信用や信頼へ変化していくであろう。

一方で、不適正に出す住民や事業者には、「お願い」をベースに真摯に向き合う。注意を受ける側からすれば不愉快であろうが、自信をもった目で相手を見て、ぶれない姿勢を貫くことが、後の信用や信頼につながる。

信用や信頼の涵養は、数字では証明できないが、行政の最先端で住民のために身を削る行動をし、筋の通った対応を貫く清掃職員は、可視化できない価値を生み出している。こうした信用や信頼の涵養が、協働の担い手を生み出す。今日では、協働事業提案制度が多くの自治体で導入され、町内会、地域団体、ボランティア、ＮＰＯなどとの「組織対組織」の協働が進んでいる。だが、それは一定の住民との協働にとどまる可能性がある。個人の活動も含めて裾野を広げていかなければ、行政との協働は広く浸透しない。

清掃分野には、収集のみならず、ごみの減量、リサイクルの推進など住民と行政が一体となって取り組まなければ解決しない課題が山積している。清掃職員による現場での真摯な対応が、協働の担い手を増やしつつある。また、苦情への真摯な対応によって、苦情申出者が清掃事業に参加し、協働の担い手を増やしてきた。

信用と信頼が涵養され、協働の担い手づくりが進んでいけば、幅広い層の住民が参加する資源循環型社会を展望できる。環境問題はますます深刻化し、限りある資源の有効利用は喫緊の課題である。しかし、資源循環型社会は行政のみでは構築できない。住民の主体的な参加のうえに初めて成り立つ。清掃職員は現場で、資源循環型社会の構築に向けて貴重な役割を担っている。

業務委託による機会費用は受け入れられるのか

清掃職員が住民へのきめ細かな心配りをしながら自らの業務を遂行しており、それが住民にも自治体行政にも有用な効果をもたらしていることが、ご理解いただけたであろう。これらは日常業務を通じて実現している価値であり、特段のコストがかかるわけではない。

だが、業務委託が推進される一方で、清掃職員数は削減されており、もたらされる価値は相対的に減少している。この減少分を業務委託で補えるかと言えば、「委託された業務をいかに効率的に行うか」というスタンスを見るかぎり難しい。

清掃職員が通常に業務を遂行すれば実現される価値が、業務委託によって実現しなくなる。それは、業務委託を推進するうえでの「機会費用」として捉えられる。この機会費用を住民は認識しているだろうか？　認識しているとすれば、その費用負担を了承するであろうか？　業務委託が推進されている今日、この機会費用を受け入れるか否かについて、住民を巻き込んだ議論を重ねる必要がある。

3　これからの清掃事業

厳しい現状での団体交渉とその結果

東京清掃労働組合新宿支部は二〇一八年四月現在、一六七人で構成され、清掃職員全員が加入している[13]。東京清掃労組は一九四九年に東京都庁職員労働組合（都庁職）の清掃支部として結成され、区への清掃事業の移管と清掃職員の身分の移管によって、二〇〇六年に独立した労働組合となった。賃金については清掃労組が区長会と団体交渉し、勤務条件については支部ごとに使用者側と交渉する。

新宿支部は、「区民のために良質な公共サービスを提供する清掃事業の確立」や「清掃事業を担う労働者の労働条件の向上により生活と権利を守る」ことを目的として、活動してきた。二〇一三年の使用者側との協議で、「『平成二六年』以降の清掃事業執行に関する確認書」を取

(13) 職務内容が民間の同種事業に類似している場合は、できるかぎり民間労働者に近い取り扱いをするという趣旨で、清掃職員を含む単純労務職員は労働組合の結成や労働協約締結権を含む団体交渉権が認められている。

り交わし、新宿区は清掃事業の全面委託を行わず、直営職員で永続的な安定した事業執行に対して責任をもち、労使協議を続けていくことを確認している。具体的には、団体交渉を通じて、賃金と労働時間に関する交渉、正規職員の採用、昇任選考、予算編成に関する申し入れを行っている[14]。

清掃事業の予算編成に関しては、清掃事業の執行に関する要求、清掃事業を取り巻く社会環境への政策に関わる要求、福利厚生に関する要求を行ってきた。執行に関しては、①安定した清掃事業の確立、②資源循環型清掃事業の充実、③作業環境改善・安全対策を要求している。①には、計画的な職員の新規採用、退職不補充による欠員を理由にした安易な委託化の防止、車付雇上の導入拡大の禁止といった人的な要望に加えて、可燃ごみ・不燃ごみ・資源の分別基準を二三区で共通とすることも含まれる。③には、無理のない作業計画の策定、腰部災害に関する措置、リースではなく新車の購入といった細部にわたる要求がある。

こうした要求に対して使用者側は協議に応じるが、安心して職務に従事したいという清掃職員の思いを理解しながらも、厳しい財政状況で総合的な見地から検討する必要がある旨を説明し、要求どおりの回答が難しいことに理解を求めている。したがって、要求に対して「満額回答」はされない。今後も抜本的な財務状況の好転は見込まれず、要求どおりの回答や改善は難しいであろう。

それは、新宿区に限るわけではない。どの区においても、また日本中のどの市町村においても、清掃労組の要求への「満額回答」はないだろう。退職者不補充による業務委託のいっそうの推進とともに、より厳しい選択を労働者側は迫られると思われる。

清掃部門が歩むべき方向性

こうした状況のもとで、できることは限られている。清掃部門の組織内プレゼンスの向上を不断に続けていくしかない。そこでは、二つの方向性が考えられる。

第一は、組織内における清掃部門のレゾンデートル（存在意義）を確立するための積極的な情報発信である。「自治体になぜ清掃部門が必要なのか」を伝え、組織内のプレゼンスを向上させていく。どちらかといえば「守り」の姿勢であり、おそらくはこれまでも行われてきたであろう。だが、その結果が現状である。財政難や定員管理の適正化という現実を前にすれば、正論を唱えるだけでは受け入れられない。この方向性については、新たな展望は見出せないと判断したほうがよいと思われる。

第二は、「攻め」の姿勢に転じた積極的な仕掛けである。まず、業務で使用しているリソースや仕組みを応用して、付加価値のある新たな行政サービスを生み出すことで、プレゼンスの向上を目指す。清掃行政は人的・物理的リソースを利用し

（14）この団体交渉を補完する形で、小委員会交渉や事務折衝が行われる。

て展開されており、そのすべてが「強み」である。この「強み」を活用して、住民や他部署に新たなメリットが生み出されるようなサービスの提供を模索していく。

次に、他の部門との積極的な協力・相互依存関係をつくり、新たな行政サービスを生み出し、住民、清掃部門、他部門の三者がともにメリットを得られる「三方良し」の形を構築することで、プレゼンスを向上させる。清掃職員は区内全域に精通し、地域事情を把握している。それを活かして、他部門が行う既存の行政サービスとの間に協力・相互依存関係を構築し、労力の提供によってサービスの価値が上がるような形、労力の提供がなければ住民への行政サービスの質が低下するような形の構築を模索していく。

今後は「攻め」の姿勢へ転じ、プレゼンスの向上を仕掛けることが、新たな清掃部門のあり方を切り拓いていくであろう。次に、具体的な方法を提案してみたい。

清掃のリソースを活用した新たなサービスの提供

まず、清掃部門のリソースを活用した新たなサービスの提供が考えられる。そのヒントになるのが、小学校の給食調理場や調理職員を活用した高齢者への食事サービスである。

東京都練馬区では、一九八七年から週一回の米飯給食の日に、自校方式の九校が高齢者にも給食を提供する事業を始めた（一食二五〇円、対象者は最大二二名）。一九八九〜九二年には、区内二カ所の給食センターで調理職員が毎週土曜日に交代で調理して区内の拠点に配送。ボランティアが利用者宅に届けていた（一食二五〇円、対象者は最大一三〇名）。
その後、一九九六年に行政改革実施計画が策定され、福祉サービスの中に学校給食の提供が位置づけられる。そして、安否確認、健康保持、地域社会との交流も含めて、週二回の米飯給食の日に、小学校一校につき一〇名分の食事が提供された。この高齢者食事サービス事業は一九九八年に始まり、二〇〇五年まで行われたが、区内に配食サービスの民間事業者が登場し、介護保険法改正による地域支援事業が創設されたため、打ち切られる。[15]
この事例は、学校給食の現場で進む民間委託に対し、直営方式を守るために既存のリソースを利用して新たな行政サービスを提供し、活路を見出したものと受けとめられる。これを清掃現場に応用して新たな行政サービスの提供を模索していくことが、清掃部門のプレゼンス向上へつながると思われる。そこで、参与観察から思いついたことを提案したい。
それは、収集した不燃ごみや粗大ごみのリユース促進だ。収集する不燃ごみや粗大ごみには、新品、十分に利用できるもの、少し手を加えれば販売できるものが多い。「宝の山」といっても過言ではない。そうした「宝」を排出者の許可を得たうえで、有効にリユースする仕組みの構築を目指してはどうだろうか。

（15）市川虎彦「自治体改革と民間委託―学校給食民間委託化を中心に―」『松山大学論集』第一七巻第六号、二〇〇六年、一七六～一七九ページ、参照。

たとえば、新品に近い食器類を販売して自治体の収入とする。衣類や布団はストックしておき、災害時の救援物資とする。玩具は途上国への支援物資としての活用も考えられよう。こうしたリユースの仕組みをつくる過程では、地域活動団体やＮＰＯとの連携を進めながら、多様な主体を巻き込んだ資源循環型社会を構築していく。

これは一例であり、現場に精通した職員からは既存の清掃リソースを活用した、すなわち業務の延長線上に描けるさまざまなプランが提案されるだろう。現場の声をもとにして付加価値のあるサービスを生み出し、プレゼンスを向上させ、新たな清掃部門を目指していく。

清掃部門が主導する行政サービスの展開

次に、清掃部門がもつ「強み」を利用した既存の行政サービスとの連携による、区民に欠かせない行政サービスの提供である。その際、清掃側が牽引し、組織内で主導権を握る形で検討する。ここで重要なのは、自らのフィールド(所管)のみで完結する業務は想定しないことである。たとえば「収集回数をさらに増やす」という提案であれば、他の部署の業務には効果や影響が直接及ばない。他の部署の業務と連携し、相手側にもメリットが生じるような構造をつくり上げていく。

こうした方策は、清掃職員には「労働の強化」と受け取られるであろう。清掃部門が主導する行政サービスの新たな提供は、おそらく残業時間ゼロを前提とした勤務体系に影響が生じるからである。だが、待っていては状況の改善は見込めず、「座して死を待つ」ことになりかねない。今後は、「攻めによる防御」が必要になる。その結果として、行政組織に不可欠な清掃部門への生まれ変わりが展望できると思われる。

以下、具体的な提案をしていく。なかには、既存の行政サービスとして提供されていないものもあるし、実施にあたっては多くの調整が必要なものもある。したがって、すぐに実施できる提案ではなく、可能性や視点の提供という立場からの提案であることをお断りしておく。

地域担当職員への参加

近年、分権化の進展により、「まちづくり委員会」や「地域づくり協議会」といった名称の住民自治組織が導入されつつある[16]。それにともなって、地域との協働を推進する観点から、地域への人的支援策の一環として「地域担当職員制度」が設けられている。この制度に明確な定義はないが、概ね次のような形が採られている。

地域ごとに担当する行政職員を決め、行政と地域をつなぐ「パイプ役」とする。担当職員は地域の課題を把握し、住民とともに解決するにあたって行政との連絡調整役を担う。行政の情

（16）藤井誠一郎・加藤洋平・大空正弘「『住民自治組織』の実践と今後の展望―滋賀県長浜市の『地域づくり協議会』を事例として―」『自治総研』第四〇六号、二〇一二年、六一～八一ページ、参照。

報を地域に提供し、地域からは情報を収集して担当課につなげるのだ。ときには、地域におけるファシリテーターとしても機能する。こうして地域を側面から支援し、コミュニティの活性化を図る。

地域担当職員制度は一九六七年に、千葉県習志野市で最初に導入された。宮本泰介市長は、次のように評価している。やや長いが、引用しよう。

「地域担当職員は、市の施策や計画等の情報を伝え、地域からの意見・要望を受けとめる『広報広聴の担い手』、また職員自身がその地域の一員となる『まちづくりの担い手』として実際に地域に入り込み、まちづくり会議(各小学校区単位で構成する地元町会・自治会、民生委員、老人クラブ、公共施設の長など地域で活動する団体の代表者や市の地域担当職員などで構成する地域で運営する会議)や地域の活動を通して、地域の方々と直に接しながら、地域の発展の方向性を模索していくことがその任務」

「職員は採用時から現業職員と出先機関など一部の職員を除き、地域担当職員となる。所属する課の業務と同時に地域担当職員としての職務も行うこととなっており、さまざまな地域の行事、活動に参加することで、地域の状況、課題、そこで活躍する人を知ることができ、信頼関係と相互理解が促進される。また、常に市民の目線に立った考え方や行動を養うことにより、さまざまな市民ニーズを的確に把握し、きめ細かな市民本位のまちづくりの実現が可能になるという効果が得られる。さらには、市民協働を理解するための実践的な職員研修の場となっている」[17]

二〇一六年度は、小学校区を中心とするコミュニティを基盤とした一六地区で五六三名の地域担当職員が活動した。さまざまな取り組みの中には地域のごみゼロ運動もあり、地域担当職員が参加する。しかし、地域担当職員には、現業職員や出先機関などの職員が除かれている。これは、まちづくり会議が夜間や土曜・日曜に開催されるため、超過勤務や日曜出勤を前提としない勤務形態である現業職員は参加できないという理由からだ。だが、事業を実施する際には現業職員と密接な連携で進めていくわけで、運用上は住民団体と何らかの連携がもたれているという。

地域担当職員の数、身分、専門の部署をつくるのか兼務にするのかは、自治体や地域の事情によって異なる。行政職の職員が六〇〇人近く参加する習志野市の事例は特徴的である。

今後は、地域担当職員に清掃職員も加わり、地域を側面から支援する方向が考えられるのではないか。地域を熟知し、日常的なコミュニケーションをとおして住民との信頼関係を築いている清掃職員の参加によって、庁舎勤めの事務系職員を補佐し、より有効な地域支援へと結び付けられるからだ。また、地域活動の一環として資源循環型社会の構築を明確に位置づけ、分

(17) 宮本泰介「市民本位のまちづくり―地域担当制とまちづくり会議―」『市政』二〇一三年四月号、一六～一八ページ、参照。

別排出やリサイクル活動への支援を行えば、地域で必要不可欠な人材となり、組織内でのプレゼンスの上昇が期待できる。

新宿区では現在、地域担当職員制度は導入されていない。仮に導入されれば、清掃職員がその一員となって補完的に関わるとよい。地域を熟知した担当者の参加によって行政とのより密接な関係が構築でき、行政との協働を推進する体制が構築されるであろう。

地域情報を有効に活かす

日々の仕事を通じて、清掃職員は地域を観察している。作業員は収集作業のかたわら周辺の状況を見ているし、運転手はウインドウ越しに道路の状態や道路脇にどんなごみが投棄されているかを見ている。清掃指導では、破袋調査を通じて住民の生活実態が把握できる。また、清掃職員は分別排出についての質問だけでなく、清掃以外の相談も区の職員として受ける。結果的に、リアルタイムで住民の声を収集していることになる。

こうした情報は基本的に清掃部門のみで活用し、他の部署とのリンクは体系的に確立されていない。だが、他の部署にとって有用となる情報もあるので、他の部署が活用できる仕組みの構築が考えられる。

たとえば、リアルタイムの地域情報が閲覧できるデータベースサーバを設け、収集した情報を書き込むことで、住民ニーズの的確な把握の一助となる。他部署からのリクエストによって、必要な情報を清掃職員が収集の際に集め、サーバに書き込むことも考えられる。福祉部門、市民協働部門、土木部門とのリンクが展望できるだろう。

ただし、そこには物理的な制約がある。情報通信機器の整備、データベースサーバの構築、アクセス制御が必要となるので、かなりの支出が伴う。とはいえ、通信事業者と協力し、個人の携帯電話を利用した情報の発信ができれば、機器への支出は減少が見込まれる。

また、全庁で閲覧できるデータベースサーバの構築までには至らなくても、地域情報の収集・発信であれば、清掃職員は絶大な力を発揮できると思われる。とりわけ、昨今問題となっている民泊、不法滞在、空き家・ごみ屋敷に関する情報は、ごみ収集と密接に連関しており、得た情報をもとに問題を解決する一助になるであろう。

たとえば、宿泊業を営むには旅館業法における認可が必要である。個人が自宅や空き家の一部を利用して宿泊料を徴収して他人を宿泊させる民泊については、「簡易宿所」としての許可を受けるか、国家戦略特区において自治体の定めるルールに基づかなければならない。しかし、違反が後を絶たず、騒音やごみ出しをめぐって近隣住民から苦情が寄せられている。観光立国を推進するなかで、急増する外国人観光客の宿泊ニーズに対応するために民泊が推進される方向にあるが、衛生管理、安全性、宿泊者とのトラブルといった問題から、無許可営業に対する取り締まりの強化が求められる。

その一助として、清掃職員が収集現場でつかむ情報は役に立つ。民泊の宿泊者には、ごみ出しや分別のルールが徹底されない。指定された以外の曜日に、分別もされず出されるケースが多い。それらを破袋調査すれば、宿泊者と業者との連絡文書、宿泊施設への行き方や設備の説明、鍵の授受方法などが含まれている。そこから、警察との協力体制のもとでの取り締まりが可能となる。

不法滞在者の情報収集

不法滞在には、在留期限満了後も滞在する不法残留、偽造旅券や密航などの不正な手段で入国する不法入国がある。法務省入国管理局の電算統計に基づく推計によれば、二〇一七年一月一日現在の不法残留者数は六万五二七〇人で、前年より二四五二人(三・九%)増えている[18]。しかも、この数値は正規の入国手続者数であり、不法入国者を加えると、もっと多いであろう。

不法滞在者の多くは不法就労していると考えられる。また、犯罪に手をそめている者もおり、反社会組織や国際犯罪組織と結びついて犯罪の温床となり、日本の治安に多大な影響を与えている[19]。とりわけ近年では、働きながら技術を学ぶ「技能実習制度」で来日した外国人実習生の失踪による不法滞在が問題になっており、二〇一七年は約七〇〇〇人にも及ぶ。失踪者の約半数が中国人で、日本で起業した中国人に雇われ、中国人観光客向けガイドや民泊ビジネスに従事していると想定される[20]。法務省入国管理局では広く一般からの情報提供を受けて対応しているが、抜本的な改善までには至っていない。

当然ながら、不法滞在者も生活を営む以上、ごみを出さざるを得ない。彼らはそれほど注意を払わず、すぐに身元が判明するものを出しているケースが多い。また、行政が示した分別や排出時間のルールを理解できずに出すため、破袋調査を行えば比較的容易に不法滞在者であることが判明する。

したがって、収集作業や清掃指導の一環で明らかになった情報を入国管理局や警察に提供し、不法滞在者対策に貢献していくことが考えられる。現在、一般人からの不法滞在者の情報提供の仕組みがあり、提供者の個人情報や情報内容が外部に漏洩しないように運営されているものの、何らかの事情で情報が流出して逆恨みをかうことがないわけではない。清掃職員は職務で情報を得て提供できるし、組織によって立場が守られている面もあるため、一般人よりも情報提供機能を担いやすい。

清掃職員は収集を通じて地域の変化を見ており、不法投棄や不適正排出の継続は何らかの変化を意味する。それはすなわち、地域の治安の変化を告げるサインと捉えられる。清掃職員か

(18)　法務省入国管理局編「出入国管理（平成二九年版）」二〇一七年、四一ページ、参照。
(19)　警察庁「警備警察五〇年」『焦点』第二六九号、二〇〇四年、四七ページ、参照。
(20)「【技能実習制度に盲点】消えた中国人　五年間で一万人超　昨年の失踪外国人が最多　治安に影響も」「【技能実習制度に盲点】止まらぬ不法滞在者が観光客向けガイドや民泊ビジネスに…失踪最多で中国人ビジネスが拡大」『産経新聞』二〇一六年一〇月三一日。

らの情報提供によって不法滞在者を減らし、治安の維持につなげることができる。

空き家やごみ屋敷への対応

最近、人口減少や高齢化によって空き家が増えている。廃棄物を建物内にため込むごみ屋敷も少なくない。老朽化が進んだ空き家は倒壊の危険が生じるし、不審者が出入りして火災や犯罪を犯す可能性もある。ごみ屋敷では近隣に飛散した廃棄物から悪臭や害虫が発生し、周辺住民の生活に悪影響を及ぼす。

自治体は条例を制定して、空き家やごみ屋敷への対策を行ってきた。二〇一四年には国が「空家等対策の推進に関する特別措置法」を制定して、所有者や自治体の責務を明確にするとともに、自治体については空き家の実態把握や対策計画の策定を定めている。

空き家の実態把握や所有者への対応を行うのは担当課の職員だが、その端緒となるのは近隣住民からの連絡、苦情、相談である。しかし、住民からの声が行政に届く時点ではすでに状況は悪化している。早期に分かっていれば、軽微な対策で済む場合が多い。

清掃センターや清掃職員は、粗大ごみの回収や現場での対応から、空き家の兆候を把握できるし、現場で所有者とコミュニケーションを取って管理や活用に関する情報を収集できる。その情報を空き家対策の部署に提供すれば、初期段階での対策が講じられるし、近隣住民の声を待たずに先回りした防犯や防火対策へ結びつけられる。管理者と連絡が取れなくなる前に、建物を適正に管理するための啓発活動も可能である。

ごみ屋敷については、その原因として収集癖やセルフ・ネグレクトが挙げられている。とりわけ後者では、居住者の認知症や精神的疾患の可能性が高い[21]。セルフ・ネグレクトから孤立死に至るケースもあり、早期発見と適切な支援が求められる。現状では空き家と同じように、近隣住民からの情報や苦情によって担当部署が状況を把握している。だが、清掃職員が収集中にごみ屋敷化の兆候をつかみ、担当部署に情報を提供すれば、早期対応が可能となり、ごみ屋敷化の防止と近隣住民の被害の最小化が展望できる。

このように、清掃職員が収集作業の過程で得たリアルタイムの情報を他部署に提供していけば、新たな行政サービスの提供が可能となる。これを担当部署が利用して新たな付加価値のある行政サービスを行う形が確立されれば、自ずと清掃部門のプレゼンスは向上する。

腰痛対策の担い手

筆者が参与観察を始めて一カ月が経過した二〇一六年七月、奈良市環境清美センターの駐車場の一角をベニヤ板で仕切ったトレーニングジムについて報道され、世間の耳目を集める。センターの職員が「資源ごみ」を盗んだ事件の調査過程で判明し、その施設が違法建築物である

(21) 詳しくは、岸恵美子『ルポ　ゴミ屋敷に棲む人々』幻冬舎、二〇一二年、参照。

という問題よりも、「清掃職員が勤務中にトレーニングを重ねていた」点に関心が高かった。『産経新聞』の記事によると、駐車場の四階の一角にベニヤ板で仕切られた「施設」は縦一一メートル、横八メートル。二部屋に分かれ、各種のトレーニング器具のほか、回収品と見られるエアコンを取り付け、ブレーカーやコンセント、時計、鏡、扇風機もあった。報道では、問題発覚後に開かれた安全衛生委員会で、「トレーニングは労働安全衛生法に基づき、作業中の事故防止や腰痛防止として行われている」「労働条件にかかわる事項で、協議なく『撤去せよ』というのは不当労働行為だ」という意見があったという[22]。

以前筆者が居住していた付近には消防署があり、十数人の隊員が昼間に署の周囲を走って基礎体力をつけていた。現場で必要となる体力づくりを勤務中に行っていたのであろう。この行為は世間に受容されているようで、報道されたことはない。一方で、清掃職員の勤務中のトレーニングは受容されず、あたかも怠慢であるかのように受けとめられた。

奈良市環境清美センターの問題は、清掃職員の窃盗事件に端を発している。その事件については詳細を把握していないので言及しないが、収集作業でかなりの負担が腰にかかり、労災が適応されない状況では何らかの自己防衛策を講じる必要がある。腰痛に悩まされる人口は世界的に増加し、約一〇人に一人が腰痛をかかえ、その三分の一は職場で発生しているという[23]。腰痛の予防は清掃職員のみならず、広く社会一般のニーズと言えよう。

こうした状況に鑑みれば、清掃職員が腰痛対策についての知見を業務の中から見出し、それを自治体の健康施策として社会に発信することも必要だろう。その際には、場所が許せば、清掃センターの一角や地区会館などで住民を集めた講座や、町会に出向いた教室の開催も考えられる。そこからは、清掃職員が業務から得られた知見をもとに、健康づくりの担い手として活躍してくことが展望できる。

実施に向けた創意工夫

これまで、委託化が進展する状況で今後の清掃職員や清掃部門のあり方について、「攻め」の視点から既存サービスとの協力・相互依存関係を構築するうえでの方向性を提示してきた。繰り返しになるが、その前提は①既存リソースの利活用、②清掃の「強み」を活かす、③他の部署のサービスとの相互依存関係の構築、④清掃職員の参加による住民・清掃部門・他部門の「三方良し」体制の構築である。この①〜④をベースに議論を深めていけば、今後の清掃部門の道が切り拓けるであろう。

実際に新しいサービスを展開するには、時間が必要となる。その時間をどのように捻出するかが最大の課題だ。清掃職員の業務は緻密な積み上げによって成り立っており、一つひとつに

(22)「〝無法地帯〞奈良市ごみ処理場」『産経新聞』二〇一六年八月四日。
(23) 日本生活習慣病予防協会のＨＰを参照。

意味がある。したがって、新たなサービスの展開には、それらの意味を見直し、再定義したうえで、時間の捻出を検討していくべきだろう。

前述した案は清掃職員からすれば一見、非現実的かもしれない。しかし、実現に向けて知恵をしぼり、何らかの工夫を行うことを住民は求めているのではなかろうか。そうした知恵のしぼりあいは、業務委託では行えない。この点にこそ、現業職員の存在意義がある。

4 現業職員と地方自治の活性化

地方分権と現業職員の役割

日本の地方分権改革は一九九五年の地方分権推進法の制定で始まり、第一次分権改革、三位一体の改革、第二次分権改革と進んでいく。これらの改革が始まった要因のひとつに、「地方における総合行政の必要性」[24]がある。[25]

日本は明治以来、乏しい財政資源のもとで効率的に行政運営を行う手段として機関委任事務制度を導入し、中央集権型で国を運営してきた。そこでは、国が企画立案を行い、その政策意図に沿って全国統一的に運営されるように地方側を包括的に指揮監督する形が採られ、統一・公平な事務の実施が担保された。しかし、高度経済成長期を経ていわゆるナショナル・ミニマムが達成されると、画一的な行政の必要性が失われ、地方自治体が多様な住民ニーズを踏まえた総合行政を行っていくうえでは弊害をもたらす。

　そこで、国の地方への関与を見直し、機関委任事務制度が廃止されて法定受託事務と自治事務となり、関与のルールづくりが行われる。[26]この改革によって、国は国際社会への対応のような国でなければできない分野に力を注ぎ、自治体は地域における住民に身近な行政を担うという役割分担がなされ、地域住民の意見を反映した行政の展開が展望された。

(24) 総合行政については解釈が分かれている。当時、地方分権推進委員会の事務局長に就任していた東田親司は「首長の判断で地域ごとに重点化や優先すべき行政分野を判断していく行政姿勢」(東田親司『政治・行政・政策をどう改革すべきか―四〇の直言―』芦書房、二〇一四年、六四ページ、参照)と定義し、真渕勝は縦割りの省庁によって別々に展開される行政を地方で必要に応じて一元的に行うものと捉える(真渕勝『行政学』有斐閣、二〇一二年、三一四ページ、参照)。また、松本英昭は、衆議院特別委員会での総務庁長官の答弁を引用し、「関連する行政の間の調和と調整を確保するという総合性と、特定の行政における企画・立案、選択、調整、管理・執行などを一貫して行うという総合性との両面の総合性を意味するものと解する」と定義している(松本英昭『新版 逐条地方自治法 第八次改訂版』学陽書房、二〇一五年、一四ページ、参照)。本書では、真渕や松本の解釈に基づいて議論を進める。
(25) 真渕の整理によれば、この他に、①国際社会への対応、②東京一極集中の是正、③ナショナル・ミニマム達成後の地方の判断の尊重、が挙げられている(前掲(24)、三一四ページ、参照)。
(26) 東田、前掲(24)、六二～六四ページ、参照。

現在、地方分権改革は第二次分権改革の途上にあるが、その改革に関わった西尾勝は次のように述べている。

「これ以上の分権化を求めて右往左往することは、しばらく差し控え、それぞれの自治体の現場で自治の実践の質を高め、自治の本領を発揮することに、皆さんの関心とエネルギーを向け直してほしい」(27)

「事務権限の移譲を受けた市町村が従前の都道府県のやり方と同じやり方で事務を処理するのであれば、住民からみれば何の変化も生じない。これまで都道府県に担わせていた事務権限を敢えて市町村に移譲させた改革の趣旨は、この種の事務権限は市町村に担わせた方が、地域総合行政の主体として、関連業務との調整に工夫を凝らし、より賢明な事務処理を行うことができるはずだという確信に基づいている。したがって、これらの事務権限の移譲を受けた市町村は、差し当たり当面は、これまでの都道府県による事務処理方法を十分に学習したうえで、さらにそこにもう一工夫を加え、市町村でなければできない事務処理方法を編み出し、なるほど、市町村が受け持った方がこんなに良い結果を生み出すのだという評価を獲得してほしい」(28)

この西尾の指摘は、分権改革後の基礎自治体は多様な住民ニーズに対応した総合行政を行えるように、獲得した権限を利用して、自らの強みを活かしながら現場で実践を重ねて挑戦していくことが必要であると解釈できる。この場合の強みとは、「住民と接している」ことであり、現場から吸い上げる情報を自らの行政に反映させることであると言える。

これまでも述べてきたように、現場で住民と接している現業職員は、現場の情報を収集する機能を備えた行政資産である。また、その情報をもとに、現場目線すなわち住民目線からの提言ができる行政資産である。こうした機能を有する現業職員は、基礎自治体が総合行政を展開するにあたって有用な役割を担うことが期待される。

ボトムアップ型の政策形成による活性化

住民と接する現場をもつ地方自治体がその強みを活かすには、現場の声を集め、それを分析して政策形成へと結びつける、ボトムアップ型の総合行政の展開が効果的である。そのためには、現場と向き合う自治体職員が現場の声を吸い上げ、それを複数の部署で検討し、組織をあげて横断的に事業や施策へと結びつけなければならない。

こうした現場の声を汲み取る役割を担う自治体職員について、大森彌は今後の人材像の視点から、「地域と住民と直に接触する現場に出て、自治体の仕事に必要な感覚と対処方法を身につけること。これは地域・住民志向に徹した職員としての自己形成である(29)」と指摘する。それはすなわち、自治体職員総体として現場に目を向け、そこに存在するニーズや問題点を把握し、

(27) 西尾勝『自治・分権再考――地方自治を志す人たちへ』ぎょうせい、二〇一三年、七ページ、参照。
(28) 前掲(27)、一五六～一五七ページ、参照。
(29) 大森彌『変化に挑戦する自治体――希望の自治体行政学』第一法規、二〇〇八年、二四五ページ、参照。

解決策を講じて住民の福祉を向上させる、ボトムアップ型の総合行政の展開であり、そのために必要不可欠となる「現場感覚」の重要性を説くものであると解釈できる。

とはいえ、すべての職員が現場に接し、現場感覚をもって住民主体の行政を展開できる状況にあるわけではない。地域との直接的な結びつきが薄い部署や職員も多い。したがって現実的な手段としては、業務を通じて現場と接し、そこから情報を収集できる部署や職員が地道な実践を積み重ねていくしかない。そのとき、日ごろから住民と接する現業職員はうってつけの存在である。

現業職員を含めて現場からの声を継続的に発信することによって、ボトムアップ型の政策形成が展望でき、それが複数になることによって、組織内文化が醸成されるであろう。また、そうして形成された政策が地域で展開され、その評価の声が届けば、加速度的にボトムアップ型の政策形成が進むであろう。こうした流れが続けば、自治体行政は自ずと活性化する。また、ある自治体においてボトムアップ型で生み出された新たなサービスが、各自治体のニーズを満たす形に進化・波及すれば、自治体行政の総体は大きく躍動していく。

現業系と事務系の相互理解による自治体の強靭化

清掃現場に身を置いていると、ブルーカラーとホワイトカラーの間の「目に見えない壁」の存在に気づく。新宿区の環境清掃部にはホワイトカラーの職員もおり、その企画を現業部門が実施する業務もある。清掃事業の区移管によって後から現業部門が入ってきたことや、そもそもの職種の違いもあるが、ブルーカラーとホワイトカラーの間には温度差が存在する。[30]

この状況に対して、真山達志は自治体の政策形成の視点から次のように述べている。

「自治体が政策の担い手として政策形成を進めようとするのであれば、（中略）自らその地域の問題を見いだし、実情、実態に合った課題を設定することが必要なのである。（中略）そのためには、これまでの企画と実施を分けるという単純な発想を自治体、とりわけ基礎自治体では再考しなければならない。実施部門から切り離された企画部門は、情報機関を持たない参謀本部のようなものである。何ら正しい判断もできないし、的確な方策も打ち出せない。自治体は、せっかく政策情報を収集できる充実した実施部門を持っていたのに、それを無為にきり捨てつつあるのは、政策形成の側面からはきわめて深刻な問題である[31]」

（30）これと関連して、寄本勝美はかつての日立市（茨城県）の状況を次のように記述している。「市役所全体の雰囲気や序列においても、事実上、清掃業務は最下層の、日のあたらない、だれもがよろこんで行きたがらない職場の一つとされてきた。『清掃なんて公務員のする仕事ではない』とさえ考える職員も少なくないという」（寄本勝美『「現場の思想」と地方自治――清掃労働から考える』学陽書房、一九八一年、八九～九〇ページ、参照）。

（31）真山達志「ローカル・ガバナンスにおける現業労働」『月刊自治研』二〇〇八年七月号、二九～三〇ページ、参照。

この記述からは、政策形成の側面では企画と実施は一体的であり、そうなることによって多様な住民ニーズに対応した総合行政が展開されると解釈できる。それゆえ、地方分権社会における自治体では、企画部門と実施部門の融合が総合行政を行ううえでの方向性であると判断できる。

また、もうひとつの壁として、労働者側（組合）と理事者側の相互不信が存在すると思われる。理事者側は、現業労働者の稼働率を向上させるべきであると考える。労働者側は、退職者不補充によって年々自らの労働環境が侵食されていくように思える状況で、理事者側に改善を申し入れても変わらないため、結果的に自らの身を守る「守りの姿勢」になる。その結果、組織内に潜在する労働者側と理事者側の相互の不信感によって、負のスパイラルに陥る。それが常態化すれば、住民不在の労働争議となり、住民に影響が及ぶ。

この壁を解消するには、相互のコミュニケーションによって組織内の理解を深めるしかない。たとえば、「組織内出向」のような形をとり、相互の部署に入り、そこで突きつけられる現実を学び合うことが有効になると思われる。理事者側が人員削減を続ける方針であれば、どのような影響が生じるのか、現場で現業職員とともに汗をかき、委託化がもたらす影響を肌で感じてみてはどうか。現業職員も理事者側の部署に出向し、定員管理の仕事を一定期間担ってみてはどうか。テーブルで向き合い、それぞれの現状を説明するだけの表層的なコミュニケーションではなく、現場を踏まえた深層的なコミュニケーションが期待される。

こうした試みが積み重ねられれば、組織内の相互理解が深まり、融合の方向に向かう。その先には自治体の組織力の向上が見込まれ、自治体が強靭化する。そして、一丸となった組織から行政サービスが生み出されていけば、西尾の言う「一工夫された市町村でなければできない事務」が展望できる。この一連の流れによって、地方自治は活性化していく。

収集基準の統一の検討

二三区が担うごみの収集・運搬業務は、各区独自の事情を反映し、地域の状況に合う形で運営されている。しかし、住民にとっては、地域ごとに異なる収集基準が非常に分かりにくい。

筆者は上京して練馬区に居住し、パンフレットを読んで排出ルールを覚えた。その後、隣の板橋区に引っ越すと、可燃ごみの収集回数や分別基準が練馬区と違う。当初はパンフレットを熟読して一つひとつ確認しながらごみを出しており、多少の混乱と煩わしさを覚えた。

二三区のごみの分類は概ね、可燃ごみ、不燃ごみ、資源、粗大ごみに分けられる。練馬区では、資源をさらに一〇種類のカテゴリーに分類し、リサイクルへの意気込みをPRしている。また、区ごとに分類名称が異なり、たとえば「可燃ごみ」と「燃やすごみ」、「不燃ごみ」と「燃やさないごみ」と「金属・陶器・ガラスごみ」などに分かれる。さらに、区ごとに分別基準が違う。たとえば、カップラーメンの容器やスーパーのレジ袋やペットボトルのキャップとラベルは、「資源」の場合もあれば「可燃ごみ」の場合もある。また、収集回数もごみや資源ごとに異なるし[32]、出し方が集積所方式か各戸方式[33]かも違う。

収集回数の差については、地域ごとにごみの量が違うから理解できる。収集方法についても、分別収集への意気込みや清掃職員の思いの表れであり、地域の事情に応じた清掃サービスとなってよい。だが、集めたごみを焼却する清掃工場を共同利用しているにもかかわらず、分類名称や分別基準が区によって異なる現状では、転居が多い独身者や単身者は混乱が生じる。これは、業務の分散化による弊害とも言える。区ごとの独自性を追求するのか、住民に分かりやすい統一基準を策定するのか、議論が必要である。

区ごとに基準が違う理由のひとつに、「清掃一部事務組合分担金」がある。これは、清掃負担の公平性や役割分担を目的に、一定の処理基準を超えたごみの量を金銭で調整する制度で、年間のごみ処理量が一定の基準に達しない区や自区内に清掃工場を持たない区が負担金を支払う。新宿区は清掃工場を自区内に持たないため、ごみの量が多くなれば自ずと負担金が増えるので、少しでも減量し、資源として収集している[34]。

今後は、住民の利便性向上の視点から、分散しすぎた基準の再統合も考えられる。それは地方分権に逆行するように見えるかもしれないが、現状や実態を把握し、より良い状態にするために自らの権限を行使して集約の道を選択するという意味においては、必ずしも逆行ではない。その過程で、議論を交わしながら検討することになろう。日常的に住民と接し、住民の声を吸い上げている清掃職員がリードし、あるべき収集基準をつくりあげればよい。

地方分権型の自治体運営や住民ニーズに対応した総合行政が展開されていくにつれ、住民と接する清掃職員の役割は大きくなる。「財産」とも言える清掃職員をいかに活用するかが、地方自治活性化の試金石になると思われる。

安全性の追求

時代や住民ニーズに応じた総合行政とともに、清掃分野ではその実現のための安全性の追求もいっそう求められる。絶えず安全性の確保に向けた議論を深める場を設定し、現場での経験や知恵を出し合って対策を講じることが、最先端の清掃技術の確立につながる。そして、それを全国的なスタンダードとして確立していく。それは、前述したように、作業着、ヘルメット、手袋、安全靴などについて妥協せずに取り組んできた英知の結集でもある。今後も、清掃職員は現場に応じた安全性を絶え間なく追求していってほしい。

しかし、とくに大都市で収集業務の委託化が進む現状で[35]、安全性はどこまで追求されていくか。

---

(32) 練馬区の可燃ごみ収集は週二回で、板橋区では週三回である。二三区では、足立区も週三回収集している。

(33) 各戸方式は品川区で導入されている。各家庭が玄関先にごみを出し、清掃職員が収集に回る。排出者が特定されるため、分別ルールが守られる一方で、清掃職員の収集労力は多大となる。

(34) 新宿区ではキャップ、とめ具、ポリ袋などは、容器包装プラスチックとして資源に位置づけられている。

るだろうか。委託はコスト重視であるから、安全性の議論はされても、実践には移されにくいであろう。収集業務の完全委託を進める自治体が多いが、いくつかのユニットは直営として残し、その実践を通じて安全性を追求する取り組みを行うことが期待される。

直営現場を残す自治体が実状に沿った安全性を追求し、それをお互いが学びあっていくことにより、清掃行政は進化する。新たな公共サービスの提供とともに、それを支える技術も進化させ、洗練された清掃行政を創り上げていく方向性が展望できる。そうした清掃技術をパッケージ化した輸出も考えられる。地方自治の活性化に加えて、国際的な技術水準の向上への貢献も期待できる。

5 公共サービス提供への示唆

直営・委託論争の展開

本章の冒頭でもふれたとおり、一九六〇年代から民間委託を推進する動きが起き、それをめぐって多くの議論がなされてきた。宮﨑伸光はこれらの議論について、その端緒は一九六五年であり、初期の議論の主要な論点は①コスト、②行政責任、③労働条件、④政府規模の四点であったと整理している。また、その後の議論は、高寄昇三(『地方自治の選択――創造性、情報性、経営性』学陽書房、一九八六年）と江口清三郎（「直営・委託論争の新展開」松下圭一編『自治体の先端行政――現場からの政策展開』学陽書房、一九八六年）が総括し、新たな視角を提示したと評価する。(36)

新たな展開については、これまでの論点との相違が見てとれる。江口は、直営・委託論争が行政サービスをどのような体制（方式）で行うかのみならず、複雑化する社会経済環境に自治体がどう対応するかという本質的な問題を含み、市民福祉や市民文化をどのように実現していくかという問題とも大きく絡むと指摘し、市民自治の実現を軸として将来展望も踏まえて考える必要があると述べている。(37)また、直営・委託論争については三点を指摘した。

(35)　仙台市の完全民間委託については、今井吏「廃棄物処理における民間委託を考える―仙台市における家庭ごみ収集・運搬業務の民間委託について―」（『都市清掃』第五八巻第二六七号、二〇〇五年）に、さいたま市の民間委託の経緯については、さいたま市環境経済局環境部「さいたま市の民間委託の現状について」（『都市清掃』第五八巻第二六七号、二〇〇五年）に、福岡市の民間委託の状況については真鍋晃「福岡市の廃棄物行政における民間委託について」（『都市清掃』第五八巻第二六七号、二〇〇五年）に、事例が紹介されている。

(36)　前掲(3)、四七～六〇ページ、参照。

(37)江口清三郎「直営・委託論争の新展開」松下圭一編『自治体の先端行政――現場からの政策展開』学陽書房、一九八六年、一一九～一二〇ページ参照。

①両者とも行政の全体ではなく一分野を扱っており、同じ立場に立った論争となっている。
②市民不在で、行政サービスを享受する市民の立場に立っていない。
③不毛の議論であり、水かけ論である。

そして、本質的な議論のためには、公共サービスとは何か、それはどうあるべきか、それをどのような体制で行うべきかが必要であると述べている。(38)

以上の考察を行ったうえで江口は、民間委託なしでは公共サービスを提供できなくなっている現状に鑑み、民間委託を排斥するのではなく、それを含めて対応する方策を検討する視点を提供した。そして、直営も委託も含めて公共サービスはどうあるべきかの原則を確立し、事務事業の目的の明確化を経ることにより、多様な主体による役割分担の議論へと発展していく必要性を述べた。(39)

この江口の指摘がなされたのは三〇年以上前の一九八六年である。しかし、行政全体から公共サービスのあり方を俯瞰して捉え、それを市民自治と関連させながら多様な主体で実践していく議論を進めており、現在にもそのまま当てはまる。当時としては「新たな展開」と評価できる内容であったと言える。当時もすべての行政を直営で担える状態ではなかったため、現実的な結論はすでに導き出されていたとも言える。

その後、西尾勝は、この直営・委託論争を「論争点の多くは『すれ違い』論争か『水かけ』論争に終わっていたと評価されている」と述べつつ、「論争は『すれ違い』に終わったとはいえ、明らかに直営論の旗色が悪かった」[40]と評価している。そして、その原因は①直営でなければ達成することが難しい政策目的を明示できなかった点、②市民の支持が得られなかった点、③直営の費用（コスト）が高すぎるという批判に対して直営論者の側が有効な反論をしなかった点にあると述べている[41]。

近年では、自治体財政が逼迫するなか、ＮＰＭ思想の影響によって指定管理者制度やＰＦＩの導入が進められたため、公共サービスの提供をめぐる民間委託とのコスト比較の研究がなされている[42]。しかし、どれだけ公・民のコスト比較がなされようと、江口の導き出した①民間委託も含めた公共サービスの提供、②公共サービスのあり方の議論、③多様な主体による実践と

(38) 前掲(37)、一二二〜一二三ページ参照。
(39) 前掲(37)、一三六〜一四四ページ参照。
(40) 西尾勝『行政の活動』有斐閣、二〇〇〇年、一一六ページ、参照。
(41) 前掲(40)、一一七ページ、参照。
(42) そのうちのひとつに坂田期雄の研究がある。ごみ収集業務の分析が行われ、直営と民間委託のトンあたりの経費比較では、直営は委託と比較して二倍以上のコストがかかり、その要因として「働き量」に大きな差があると述べている。民間は直営の二倍近くのごみを収集して二倍働いており、コストも半分ですむという。そして、退職者の不補充で直営部門を縮小し、漸次委託に切り替えていき、税金を効率よく使うことを主張している（坂田期雄『民間の力で行政のコストはこんなに下がる――「公」と「民」とのサービス・コスト比較』時事通信社、二〇〇六年、五三〜五七ページ、参照）。

いう視点が大きく覆されることはない。

むしろ、現状を踏まえ、公共空間を多様な主体で担う協働の推進から、江口が導き出した視点をもとにして議論がなされるべきであると捉えられよう。[43] 中村祐司が指摘するように、「民間委託は、国と地方を通じた行財政改革が出現させたこれまでの歴史のひとつの産物でもあり、公共サービスの遂行をめぐるひとつの知恵」[44] であると位置づけ、直営が民間をしっかりとコントロールして有用に活用する方向性での議論を今後は展開していくべきであろう。

今後の公共サービス提供に向けた危機管理の必要性

現在も定員管理の適正化は進められ、退職者が補充されないままの委託が続けられている。収集業務を完全委託へ切り替えた自治体もある。現時点では、こうした手法によって清掃行政が立ち行かなくなったケースは発生していないので、今後も地方自治体は委託化を推進していくであろう。この路線が成功なのか失敗なのかは、短期的視点ではなかなか判断できない。

ただし、長期的なスパンで展望すれば、今後深刻化する人口減少に伴う人手不足による、民間事業者への影響を心積もりしておかなければならない。自ずと収集業務を委託する企業で働く者も減り、提供していた公共サービスが維持できなくなる可能性がある。提供されるサービスの質についても同様である。人口減少による労働者不足を想定し、非正規社員を正規社員に雇い直し、労働力減少に備えた囲い込みを行う企業も現れ始めているが、収集業務を受託する民間企業の働き手は確保しにくくなると予想される。繰り返し述べてきたとおり、ごみの収集業務は過酷であり、誰もが好んで従事するわけではない。労働者を集めるには労働条件の改善、すなわち金銭的な待遇を良くするしかない。そうなれば委託費用は増し、直営のほうが安く抑えられる可能性もある。また、労働者のモチベー

(43) 直営・委託論争において目を見張るのは、寄本勝美による、委託推進論者である地方自治経営学会やその主要メンバーである坂田期雄が調査した公・民コスト比較への反論である。地方自治経営学会は調査した一二市の平均コストを根拠にして、委託が直営の半分以下となる要因を①働き量、②給与の差、③年齢構成の差とした。この点について現場の作業実態を緻密に把握している寄本の反論は、その主張をみごとに覆す内容であった。そこでは数々の実態を踏まえた反論がなされている。とくに、「民間サイドのコスト安は、主として民間従業員に対する〝しわ寄せ〟のうえに成り立っている実態を見過ごすことはできない」という指摘は重要である。また、木村武司による、行政の減量や効率的運営を主眼とする「経営的効率」と、税の対価として公共サービスを受ける住民の側から効率を測る「社会的効率」を援用して、「限界を超えて経営的効率を追求すれば、民間清掃労働者に対して作業安全、労働条件、職場環境の面で犠牲を強いることになる。その場合は経営的効率があがってもごみ収集の社会的効率はかえって悪化する」と指摘する。さらには、「民間委託の動機のひとつは、自治体当局者にとって苦労が多く組合との対立が生じがちな直営職場の労務管理から解放されたいというホンネがある」とも述べている(寄本勝美『自治の現場と「参加」――住民協働の地方自治』』学陽書房、一九八九年、一六五～一八九ページ)。この反論は現場の実態を知りつくすがゆえにできたものであり、ひときわ光っている。

(44) 中村祐司「民間委託の歴史・現状・課題」外山公美・平石正美ほか『日本の公共経営――新しい行政』北樹出版、二〇一四年、五五ページ、参照。

ションや仕事への意気込みが下がり、住民へのサービス提供水準の低下も推測される。人口減少の進行にともなって収集業務が委託できず、公共サービスとして提供できないという危機も予見される。

こうした危機が現実となり、委託していた清掃会社が業務を担えなくなった場合、行政側で収集業務を再構築せざるを得ない。そのためにはノウハウが欠かせないから、現在の水準が維持されなければならない。そして、一定のコストがかかる業務と認識し、危機を回避する手段を講じることが求められる。

現在、この危機は表面化していないので、気づかれにくい。しかし、顕在化した時点で手を打とうと思っても、失ったノウハウは簡単には取り戻せない。地方行政改革の一環として限界まで身を削る方向で委託化が進みつつあるいま、これからの環境変化を想定し、公共サービスを安定して提供する手法を検討していかなければならない。

だからこそ、直営職員が業務の核となる部分をしっかり握り、ノウハウを維持していくことが何よりも求められる。そして、それを次世代に引き渡し、今後の清掃行政についてビジョンを描いていける人材を育てる体制の構築が必要となる。そのためには、サービスの受け手となる住民も交えて、現業部門の将来について広く議論を深めていく必要がある。その議論の深化が地方自治の活性化につながる。

おわりに

本書では、東京都新宿区の清掃事業にスポットライトを当てるとともに、委託された収集・運搬業務に存在する問題点を考察し、今後の清掃職員や清掃部門のあり方を述べてきた。とくに第5章では、既存の行政サービスとの協力・相互依存関係の構築や、清掃部門がもつ「強み」の提供によって成立する行政サービスの実施など、清掃部門主導の新たな可能性について提案している。現業職員の人員削減が止まらない昨今の状況に対して、多少なりとも参考になる視点を提供できたのではないだろうか。本書を契機として、公共サービスのあり方や行政組織の運営についての議論が深まることを望んでいる。

二三区の清掃事業には長い積み重ねがあり、委託化の仕組みも複雑である。本書の執筆によって、奥の深い清掃行政の入り口にようやくたどりついた気がする。今後は、この参与観察で知りえたことを基礎として、リサイクル、中間処理、最終処分といった論点へ踏み込んでいくつもりである。また、雇上や車付雇上で働く人たちも継続的に追っていきたい。なお、委託問題に関連して現在起きている偽装労働者供給事業については、十分に調べられなかった。この問題は稿を改めて論じるつもりである。

一方、今回の参与観察に基づく調査は新宿区をフィールドとしており、他の地方自治体との比較は行えていない。この点についての批判は甘受する。比較研究をするためには、他の自治体でも同様な調査を行う必要があり、時間的な制約で果たせなかった。

実際、今回のような参与観察を受け入れてくださる自治体が少ないことも事実である。受け入れには一定の準備や体制が必要であるし、調査者が誤って住民へ危害を加えたり、事故を起こしたりした場合のリスクも考えなければならない。見せたくない「台所」を見られてしまうため、進んで受け入れる方向にはならない。こうした制約から、今回のような調査を他自治体で行うハードルは高いが、機会に恵まれれば比較研究を進めたいと考えている。

清掃現場での参与観察によって、作業員と運転手の清掃事業への思い、街の清潔な環境維持への情熱を強く感じた。すべての清掃職員がそうであるとは言いきれないが、多くは仕事に誇りをもち、街の美化へひたむきに取り組んでいる。一つひとつの仕事が細やかで、現場での知恵を結集して工夫を凝らし、作業を効率化し、住民のことを考えていて、心から共感した。今後も清掃部門が先細りせず、自治体に不可欠な行政部門として確固たるポジションを築いてほしいと思う。微力であるが、応援していきたい。

そして、「次世代を担う研究者育成制度」を設けられた自治労の関係者、清掃現場を深く見る機会を提供いただいた新宿区の関係者に、深く感謝を申し上げる。今後「次世代を担う研究者」となれるように、今回の知見を基礎として現場を踏まえた研究を積み重ねていく。また、師である故・今川晃先生がおっしゃっていた「実践から構築する理論」「人情味のある視座」

を継承し、筆者自身の研究スタイルとして確立していこうと思っている。

プロローグでも触れたが、本書出版に至ったのは、コモンズの大江正章氏が機会を与えてくださったおかげである。膨大な原稿を整理し、出版への道筋をつけていただいた。また、自治労中央本部、東京清掃労働組合、東京清掃労働組合新宿支部、ＮＰＯ法人政策マネジメント研究所からは、出版にあたりご支援を賜った。この場を借りて感謝の意を表したい。

執筆に際しては、新宿東清掃センターの塚原邦彦様、飯山悟様、近藤吉勝様をはじめとする清掃職員の皆様から、さまざまなご教示をいただいた。また、新宿区の柏木直行環境清掃部長、黒田幸子新宿清掃事務所長、清水一弘ごみ減量リサイクル課ごみ減量計画係長をはじめとする皆様には、貴重な研究の場や資料を提供していただいた。さらに、新宿区の松島恒春様と自治労の座光寺成夫様には今回の研究に向けて多大なるお力を、東京清掃労組書記長の染裕之様からは貴重な資料をいただいた(いずれも役職は当時)。この場を借りて心より感謝を申し上げる。

最後に、私事ではあるが、筆者に多くの研究時間を与えてくれている妻と娘に感謝し、お礼の言葉とともに本書を手渡したい。

二〇一八年五月

藤井　誠一郎

〈参考文献〉


市川虎彦「自治体改革と民間委託―学校給食民間委託化を中心に―」『松山大学論集』第一七巻第六号、二〇〇六年、一六九～一九一ページ。

今井照『地方自治講義』筑摩書房、二〇一七年。

今井吏「廃棄物処理における民間委託を考える―仙台市における家庭ごみ収集・運搬業務の民間委託について―」『都市清掃』第五八巻第二六七号、二〇〇五年、一二～一三ページ。

今里滋「ソーシャル・イノベーターとしての地域担当職員」『月刊ガバナンス』二〇一四年六月号、二七～二九ページ。

岩﨑忠「自治体の空き家対策の検証と今後の課題―政策執行過程における「点」と「面」からの対策―」『自治総研』第四五九号、二〇一七年、五九～七九ページ。

石見豊「日本におけるNPMの受容と定着に関する一考察(一)―NPM概念と日本の行政文化―」『國士舘大學政經論叢』第二七巻第三号、二〇一五年、一～三二ページ。

石見豊「日本におけるNPMの受容と定着に関する一考察(二)―日本の公共経営の展開―」『國士舘大學政經論叢』第二八巻第一号、二〇一六年、一～三〇ページ。

江口清三郎「直営・委託論争の新展開」松下圭一編『自治体の先端行政――現場からの政策展開』学陽書房、一九八六年。

大杉覚「日本の大都市制度」『分野別自治制度及びその運用に関する説明資料No.二〇』財団法人自治体国際化協会、政策研究大学院大学比較地方自治研究センター、二〇一一年、一～二四ページ。

大森彌『変化に挑戦する自治体――希望の自治体行政学』第一法規、二〇〇八年。

大藪俊志「地方行政改革の諸相―自治体行政改革の課題と方向性―」『佛教大学総合研究所紀要』第二一号、二〇一四年、一二一～一四〇ページ。

環境省大臣官房廃棄物・リサイクル対策部廃棄物対策課「日本の廃棄物処理 平成一四年度版」二〇〇五年。

環境省大臣官房廃棄物・リサイクル対策部廃棄物対策課「日本の廃棄物処理 平成二四年度版」二〇一四年。

環境省大臣官房廃棄物・リサイクル対策部廃棄物対策課「日本の廃棄物処理 平成二七年度版」二〇一七年。

岸恵美子『ルポ ゴミ屋敷に棲む人々』幻冬舎、二〇一二年。

木村武司「自治体『経営』に示される二つの効率―経営的効率と社会的効率」『月刊自治研』第二八巻第六号、一九八六年、三〇～三八ページ。

栗原利美著、米倉克良編『東京都区制度の歴史と課題 都区制度問題の考え方』公人の友社、二〇一二年。

警察庁「警備警察五〇年」『焦点』第二六九号、二〇〇四年、一～七七ページ。

さいたま市環境経済局環境部「さいたま市の民間委託の現状について」『都市清掃』第五八巻第二六七号、二〇〇五年、一四～二〇ページ。

坂田期雄『民間の力で行政のコストはこんなに下がる――「公」と「民」とのサービス・コスト比較』時事通信社、二〇〇六年。

佐藤竺『地方自治と民主主義』大蔵省印刷局、一九九〇年。

椎川忍『地域に飛び出す公務員ハンドブック』今井書店、二〇一二年。

自治省「地方公共団体における行政改革推進の方針(地方行革大綱)について」『自治研究』第六一巻第三号、一九八五年、一四七～一五一ページ。

自治省「地方公共団体における行政改革推進のための指針について」『都市問題』一九九六年三月号、四九～五五ページ。

自治省事務次官通知「地方自治・新時代に対応した地方公共団体の行政改革推進のための指針の策定について」『地方自治』第六〇一号、一九九七年、一〇八～一一七ページ。

新宿区「新宿区空き家等の適正管理に関する条例」二〇一三年。

新宿区「新宿区一般廃棄物処理基本計画」二〇一三年。

新宿清掃事務所「平成二九年度 清掃事務所 事業概要」二〇一七年。

新宿清掃事務所「資源・ごみの正しい分け方・出し方」二〇一八年。

杉本裕明『ルポ にっぽんのごみ』岩波書店、二〇一五年。

庄司元「市区町村のごみ処理における委託」『都市清掃』第五八巻第二六七号、二〇〇五年、三～一一ページ。

鈴木秋夫「平成二四年度 江東区包括外部監査報告書 効率的な清掃事業の推進を中心とした環境清掃部の財務事務の執行について」二〇一三年。

総務省「地方公共団体における行政改革の推進のための新たな指針」二〇〇五年。

総務省「地方公共団体における行政改革の更なる推進のための指針」二〇〇六年。

総務省「地方行政サービス改革の推進に関する留意事項」二〇一五年。

高寄昇三『地方自治の選択――創造性、情報性、経営性』学陽書房、一九八六年。

田中一昭『行政改革』ぎょうせい、一九九六年。

田中一昭編著『行政改革〈新版〉』ぎょうせい、二〇〇六年。

田中啓「日本の自治体の行政改革」『比較地方自治研究センター・分野別自治制度及びその運用に関する説明資料』No.一八、二〇一〇年。

地方自治制度研究会編『地方分権　二〇年のあゆみ』ぎょうせい、二〇一五年。

東京都『東京都清掃事業百年史』東京都環境公社、二〇〇〇年。

東京二十三区清掃一部事務組合「一般廃棄物処理基本計画」二〇一五年。

東京二十三区清掃一部事務組合「清掃事業年報　平成二七年度」二〇一六年。

東京二十三区清掃一部事務組合「事業概要　平成二八年度版」二〇一六年。

東京二十三区清掃一部事務組合「ごみれぽ二〇一七　循環型社会の形成に向けて」二〇一七年。

東京清掃労働組合新宿支部「第一二回定期大会　議案と報告」二〇一六年。

中村祐司「民間委託の歴史・現状・課題」外山公美・平石正美ほか『日本の公共経営――新しい行政』北樹出版、二〇一四年。

中川幾郎「地域担当職員の役割・有効性と課題」『月刊ガバナンス』二〇一四年六月号、二四～二六ページ。

西尾勝『行政の活動』有斐閣、二〇〇〇年。

西尾勝『自治・分権再考――地方自治を志す人たちへ』ぎょうせい、二〇一三年。

東田親司『政治・行政・政策をどう改革すべきか―四〇の直言―』芦書房、二〇一四年。

藤井誠一郎「業務委託を考える」『同志社大学広報』No.三五七、二〇〇三年、二八ページ。

藤井誠一郎『住民参加の現場と理論――鞆の浦、景観の未来』公人社、二〇一三年。

藤井誠一郎「行政の民営化」外山公美編著『行政学 第二版』弘文堂、二〇一六年。

藤井誠一郎「清掃業務の委託の現状と今後の展望―新宿区を事例として―」『自治労 次代を担う研究者育成事業 第I期(二〇一五〜二〇一六)研究報告論文集』自治労総合企画総務局、二〇一八年。

藤井誠一郎・加藤洋平・大空正弘「『住民自治組織』の実践と今後の展望―滋賀県長浜市の『地域づくり協議会』を事例として―」『自治総研』第四〇六号、二〇一二年、六一〜八一ページ。

法務省入国管理局編「出入国管理(平成二九年版)」二〇一七年。

本間奈々「地方行政改革・財政改革」片木淳・藤井浩司編『自治体経営学入門』一藝社、二〇一二年。

松本英昭「地方分権の推進――地方の行財政改革」堀江教授記念論文集編集委員会『行政改革・地方分権・規制緩和の座標――堀江湛教授記念論文集』ぎょうせい、一九九七年。

松本英昭『新版 逐条地方自治法 第八次改訂版』学陽書房、二〇一五年。

真鍋晃「福岡市の廃棄物行政における民間委託について」『都市清掃』第五八巻第二六七号、二〇〇五年、二一〜二六ページ。

真渕勝『行政学』有斐閣、二〇一二年。

真山達志「ローカル・ガバナンスにおける現業労働」『月刊自治研』二〇〇八年七月号、二四〜三二ページ。

三橋良士明「分権改革の中の行政民間化」三橋良士明・榊原秀訓編著『行政民間化の公共性分析』日本評論社、二〇〇六年。

宮﨑伸光「公共サービスの民間委託」今村都南雄編著『公共サービスと民間委託』敬文堂、一九九七年。

宮本泰介「市民本位のまちづくり―地域担当制とまちづくり会議―」『市政』二〇一三年四月号、一六～一八ページ。

吉田民雄「行政サービスの民営化と地方政府の公共システム改革」『都市問題』二〇〇〇年二月号、三～一九ページ。

寄本勝美『「現場の思想」と地方自治――清掃労働から考える』学陽書房、一九八一年。

寄本勝美編著『現代のごみ問題〈行政編〉』中央法規出版、一九八二年。

寄本勝美『自治の現場と「参加」――住民協働の地方自治』学陽書房、一九八九年。

寄本勝美『ごみとリサイクル』岩波書店、一九九〇年。


〈参考ＷＥＢ〉

環境省「容器包装リサイクル法の概要」http://www.env.go.jp/recycle/yoki/a_1_recycle/recycle_02.html
新運転・事故防ピンハネ返せ請求訴訟を支える会のＨＰ「『新運転・事故防 ピンハネ返せ訴訟』から 清掃事業を考える（東京清掃労働組合 書記長 染 裕之）」http://blog.goo.ne.jp/pinhanekaese/e/fe7e38e150ece65a910833c4455fd0a5
新産別運転者労働組合東京地本 http://www.sinunten.or.jp
新宿区「新宿区について（名前の由来・歴史・地勢）」https://www.city.shinjuku.lg.jp/kanko/file02_00002.html
新宿区「事業系のごみ」http://www.city.shinjuku.lg.jp/jigyo/file06_00006.html

新宿区「多文化共生ってなぁに?」http://www.city.shinjuku.lg.jp/tabunka/bunka01_000101.html

新宿区「宿泊営業や宿泊事業は、旅館業法又は住宅宿泊事業法に該当します」http://www.city.shinjuku.lg.jp/kenkou/eisei03_002073.html

総務省「地方公共団体の行政改革等」http://www.soumu.go.jp/iken/main.html

総務省「地方行政サービス改革の取組状況等に関する調査等(平成二九年三月三〇日公表)」http://www.soumu.go.jp/iken/112810.html

東京環境保全協会 http://www.toukanpo.or.jp/index.html

東京都「一般廃棄物の概要」http://www.kankyo.metro.tokyo.jp/resource/general_waste/about.html

東京二十三区清掃一部事務組合「組合の概要」http://www.union.tokyo23-seisou.lg.jp/somu/somu/kumiai/gaiyo/gaiyo.html

習志野市「地域担当制」http://www.city.narashino.lg.jp/joho/machidukuri/shiminsanka/chiikitanto.html

日本生活習慣病予防協会「二〇一四年四月二五日 腰痛に悩まされる割合は一〇人に一人 職場でできる腰痛対策」http://www.seikatsusyukanbyo.com/calendar/2014/002546.php

練馬区「練馬の学校給食の歴史」http://www.city.nerima.tokyo.jp/smph/kurashi/kyoiku/kyushoku/gakkoukyuushoku/rekishi.html

法務省入国管理局「情報受付」http://www.immi-moj.go.jp/zyouhou/index.html

法務省入国管理局「入管政策・白書」http://www.immi-moj.go.jp/seisaku/index.html

労供労組協「労働者供給事業とは」http://www.union-net.or.jp/roukyo/intro/index.html

〈新聞記事〉


「加入逃れか七九万社調査へ　『本来は厚生年金』二〇〇万人」『朝日新聞』二〇一六年一月一四日。

「厚生年金逃れ、国想定上回る　厚労省推計「未加入二〇〇万人」」『朝日新聞』二〇一六年五月二〇日。

「〝無法地帯〟奈良市ごみ処理場」『産経新聞』二〇一六年八月四日。

「あぶれ手当て六四六人分　条件満たさず支給　職安、計四・七億円か　検査院調査」『朝日新聞』二〇一六年一〇月一五日。

「【技能実習制度に盲点】消えた中国人　五年間で一万人超　昨年の失踪外国人が最多　治安に影響も」『産経新聞』二〇一六年一〇月三一日。

「【技能実習制度に盲点】止まらぬ不法滞在者が観光客向けガイドや民泊ビジネスに…失踪最多で中国人ビジネスが拡大」『産経新聞』二〇一六年一〇月三一日。

「解禁の民泊、定着するか　新法案を閣議決定」『日本経済新聞』二〇一七年三月一一日。

【著者紹介】

藤井誠一郎（ふじい・せいいちろう）

1970年生まれ。

同志社大学大学院総合政策科学研究科博士後期課程修了。博士（政策科学）。行政管理研究センター客員研究員、同志社大学総合政策科学研究科嘱託講師、大東文化大学法学部政治学科専任講師、立教大学コミュニティ福祉学部兼任講師などを歴任。

現職：大東文化大学法学部政治学科准教授。

専門：地方自治、行政学、行政苦情救済。

主著：『住民参加の現場と理論――鞆の浦、景観の未来』（公人社、2013年）。

共著：『地域公共人材をつくる――まちづくりを担う人たち』（法律文化社、2013年）、『地方自治を問いなおす――住民自治の実践がひらく新地平』（法律文化社、2014年）、『日本と世界のオンブズマン――行政相談と行政苦情救済』（第一法規、2015年）、『行政学 第2版』（弘文堂、2016年）など。

ごみ収集という仕事
――清掃車に乗って考えた地方自治

二〇一八年五月三〇日　初版発行
二〇一九年一月二五日　7刷発行

著　者　藤井誠一郎

発行者　大江正章
発行所　コモンズ
東京都新宿区西早稲田二-一六-一五-五〇三
TEL（〇三）六二六五-九六一七
FAX（〇三）六二六五-九六一八
振替　〇〇一一〇-五-四〇〇一二〇
info@commonsonline.co.jp
http://www.commonsonline.co.jp/

印刷・東京創文社／製本・東京美術紙工
乱丁・落丁はお取り替えいたします。
ISBN 978-4-86187-150-4 C 1031

＊好評の既刊書

新しい公共と自治の現場
●寄本勝美・小原隆治編　本体3200円＋税

公共を支える民　市民主権の地方自治
●寄本勝美編著　本体2200円＋税

分権改革の地平
●島田恵司　本体2800円＋税

市民の力で立憲民主主義を創る
●大河原雅子・杉田敦・中野晃一・大江正章　本体700円＋税

ソウルの市民民主主義　日本の政治を変えるために
●白石孝編、朴元淳ほか著　本体1500円＋税

協同で仕事をおこす　社会を変える生き方・働き方
●広井良典編著　本体1500円＋税

21世紀の豊かさ　経済を変え、真の民主主義を創るために
●中野佳裕編・訳　ジャン＝ルイ・ラヴィル／ホセ・ルイス・コラッジオ編　本体3300円＋税

カタツムリの知恵と脱成長　貧しさと豊かさについての変奏曲
●中野佳裕　本体1400円＋税

共生主義宣言　経済成長なき時代をどう生きるか
●マルク・アンベール／西川潤編　本体1800円＋税